一个不能日日精进的人，
就是在背叛自己的梦想；
一个不断自我超越的人，
就是在呵护自己的梦想。

日精进

rì jīng jìn

道心卷

成杰 著

四川人民出版社

成杰日精进

万术不如一道，万法不如一心。

领导人所有的问题，都是能量的问题。

生命就是关系，而关系是互动的结果。

习惯于使用吉祥的语言，人生更易吉祥如意。

成功是人生追寻的旅途，幸福是生命最终的归宿。

不害怕失败，不设限成功；人生不设限，才会精彩无限。

只要用心，就有可能；只要开始，永远不晚。

一心所向，无所不能；一心所向，无所不达。

一心可得百人，百心不可得一人；一心可成百事，百心难成一事。

把优秀的人才变成股东，
把卓越的人才变成大股东，
把优质的客户变成合伙人。

学习获得知识，练习拥有本领，
体验进入核心，分享传承智慧。

企业所有的问题都是人的问题，
人所有的问题都是教育的问题，
所有教育的问题都是爱的问题。

领导人不仅限于自身的优秀，
而在于培养更多优秀的人才，
并用好比自己还厉害的人物。

以心为师，智慧如海。

你能够承担多大的责任，
你就能享受多大的荣耀。

愚者用生命成就事业，
智者用事业圆满生命。

物质终将被人们所遗忘，
唯有精神才能生生不息。

当学习像空气一样无处不在时，
它就会时刻滋养着我们的生命！

以一人之智，超越万人之智，是高人；
以一人之智，点燃万人之慧，是大师。

精进的人，没有空虚；奋斗的人，没有遗憾；
舍得的人，没有痛苦；放下的人，没有纠结。

在成为领导人之前，
我最大的成功，就是努力成长自己；
在成为领导人之后，
我最大的成功，就是帮助下属成长。

序言

向上向善的力量

一个不能日日精进的人，就是在背叛自己的梦想；

一个不断自我超越的人，就是在呵护自己的梦想。

有位外商曾问李嘉诚先生：“李先生，您成功靠的是什么？”李先生毫不犹豫地回答：“靠学习，不断地学习。”不断地学习、成长、精进和自我超越是李嘉诚先生成功的奥秘，也是古往今来所有成功者的成功秘诀。

日有所学，月有所获，年有所成。每天进步一点点，就是迈向卓越的开始。不积跬步，无以至千里；不积小流，无以成江海。无一日不成长，无一日不精进，势必攀登人生的顶峰。

什么是成功的人？

成功的人就是今天比昨天更优秀，比昨天更有智慧，比昨天更慈悲，比昨天更懂得生活的美，比昨天更懂得宽容。成功的人就是“日日精进，向上向善”，并能不断自我超越的人！

日日精进，需正念利他，生无量智慧；

日日精进，贵在持之以恒，日进一步，日久可至千里；

日日精进，改变自己，超越自我，成就自我，圆满人生。

古人有言：“吾生有涯，而学无涯。”有生之年，日日精进，不虚度光阴，不放逸生命，勤勉修行，方成伟业！精诚所至，金石亦开；苦思所积，鬼神迹通。

弘一法师说：“日日行，不怕千万里；常常做，不怕千万事！”

2018年春节后，我在巨海集团全员大会上讲道：“把成长自己，变成人生的头等大事！”爱自己最好的方式，就是成长自己；爱众生最好的方式，就是成就众生。读《日精进》一书就是爱自己和爱众生最好的方式。

让我们一起，坐而论道，起而践行！

让我们一起，成为“日日精进，向上向善”的践行者！

成杰·2018年7月18日于上海

从事教育培训行业十五周年

目录

CONTENTS

成長

成傑智慧心語

愛自己最好的方式
就是成長自己
愛眾生最好的方式
就是成就眾生

戊戌言宏濤

成长篇

成长永远比成功更重要。

什么是成功的人？
就是今天比昨天更有智慧，比昨天更慈悲，比昨天更懂得爱，比昨天更懂得生活的美，比昨天更懂得宽容别人。

成功的人就是“日日精进”“向上向善”的人。

大道之学

彭清一题于北京

学而知不足，不足而知学。

今天的你，有比昨天更优秀吗？

穷人因书而富，富人因书而贵。

一个人否定自我是成长自我的开始。

正其道不谋其利，修其理不急其功。

学习是智慧的升华，分享是生命的伟大。

学习是最好的心灵美容，学习是身心灵的度假。

知识改变命运，学习成就未来，行动创造辉煌。

成长永远比成功更重要。

取众人之长，才能长于众人。

不知道到知道靠学习，知道到得到靠行动。

纸上得来终觉浅，绝知此事要躬行。

注意力等于事实，焦点等于感受。

格局一旦放大，美好的事情就会持续发生。

成功是梦想、格局、能力、学习力的高度匹配。

学习的过程是建立自我的过程，
分享的过程是追求无我的境界。

学习获得知识，练习拥有本领，
体验进入核心，分享传承智慧。

学习的态度决定成长的速度，
做人的态度决定成就的高度。

学习不是学表面，而是学源头；
开悟不是听结论，而是去探索。

成功就是看你与谁同行：成功者吸引成功者。

热爱是最好的导师，
热爱是成功的源泉，
热爱可以跨越一切障碍。

一个不能日日精进的人，就是在背叛自己的梦想；
一个不断自我超越的人，就是在呵护自己的梦想。

没有平凡的人，只有平凡的人生。
你是谁并不重要，重要的是：
你是否一直在坚持自己的梦想！

多学习，善于思考；多行动，善于感悟；
多坚持，善于反省；多付出，方可收获。

当身边出现高手的时候，就是你成长最快的时候。

时刻保持危机意识：居安思危，不进则亡。

物以类聚，人以群分；与高手碰撞才能成为顶尖。

合理的是训练，不合理的是磨练，合理不合理的都是修炼。

要在人前显贵，先在人后准备。

成功来自于充分的准备，你不为成功做准备，那就只能准备面对失败！

不是有机会才有能力，而是有能力才会有机会。

没有人能替你思考，没有人能替你行动，

没有人能替你成功，唯有你自己。

学习是智慧的升华
分享是生命的伟大

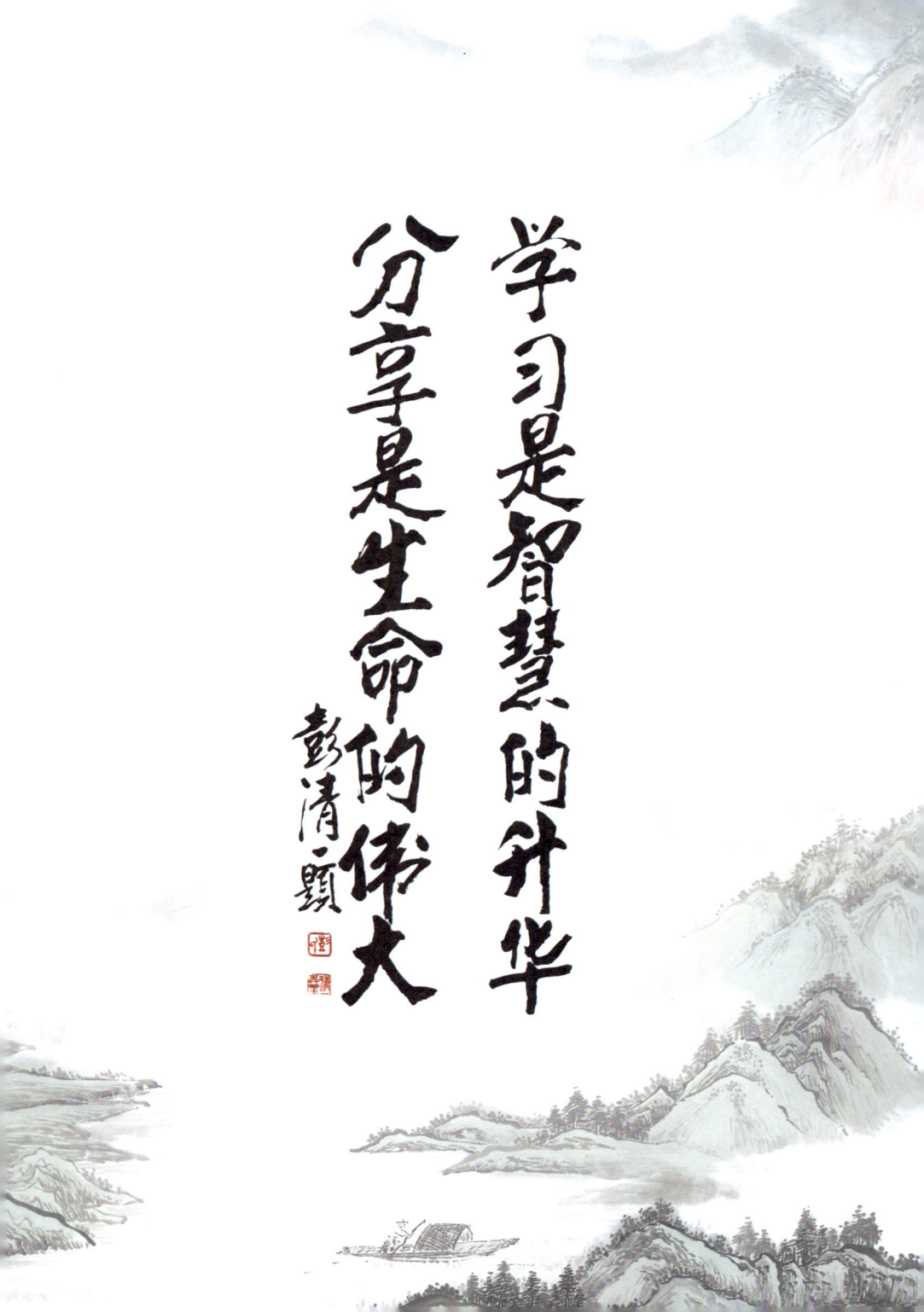

彭清一题

寻找人生贵人的三大秘诀：

一、积极主动出击

二、主动帮助别人

三、发自内心感恩

成功分两半：

一半在命运手中，那是宿命；

一半在自己手中，那是拼命。

学习的最高境界是学以致用，触动行动！

一个企业家最大的破产不是企业的倒闭，

而是梦想的毁灭、希望的消失、信念的坍塌。

行动是治愈恐惧的良药，而犹豫、拖延将不断滋生恐惧。

生活中的每一天都会有新的问题，那正是激励我们前进的动力。

人生就是一场体验的盛宴，生命就是体验的总和。

体验到的才是真实的，尽情地体验生命中的每一个当下。

只有“破”，才能更好地“立”。

一个人的贫穷在于思维被“困”住，要想打“破”，

关键在于思维的突破与转换；

当一个贫穷的人使用富人的思维时他就离财富更近了！

打破之时便是建立之始。

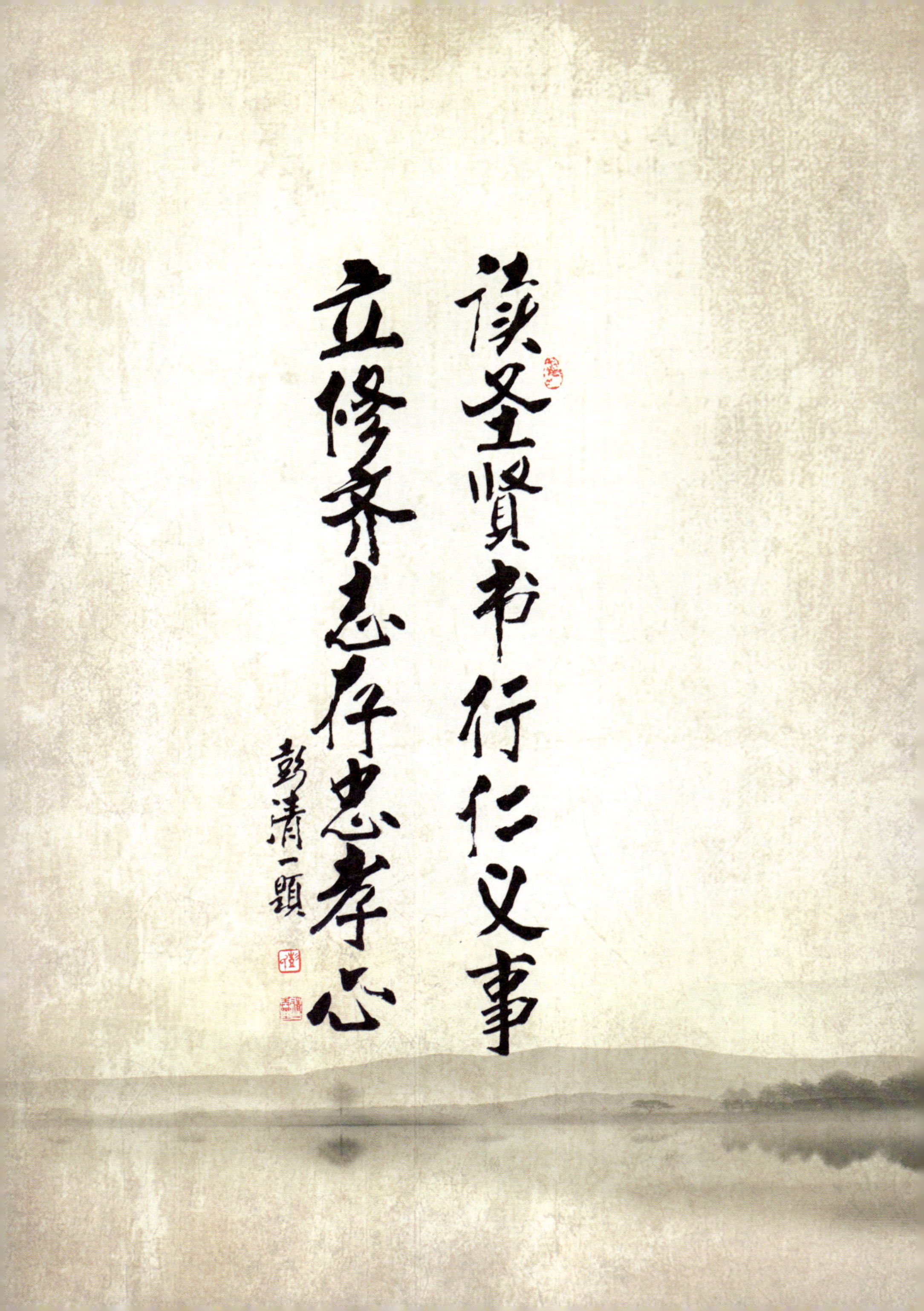
读圣贤书行仁义事
立修齐志存忠孝心
彭清一题

先知一日，富贵十年。

一个人有知识，有见识，做事时才会有胆识。

你梦想的大小，决定你成长的快慢；

你格局的大小，决定你成就的大小。

人生没有经历过一些磨砺，就不知道拿什么东西回味。

与其为流逝的时光惶恐，不如结结实实地抓住分秒。所有的成功都不可能一蹴而就。奇迹，只是努力的另一个名字。从今天起，不蹉跎，不虚度，厚积而薄发。那些拼了命去努力也看不到成果或者即使不被人知道也坚持到底的人们，当我们看到他们的时候，也许会认为他们很不幸或者觉得他们是傻子，但他们并没有停止成长，而是在扎根，很深、很深、很结实的根。等到时机成熟，他们会登上别人遥不可及的巅峰。

我的人生是我“说”出来的。

一个人不在催眠自己成功，就在摧毁自己失败。

失败乃成功之母，成功是成功之父。

成功往往使人头脑发昏，失败往往使人更具价值。

一个人的人生是他思想的产物，

有什么样的思想就有什么样的人生！

学习是获得生命能量最直接的方式。

学习是完成内心对于生命方式的建立。

伟大的事业是由一群痴迷于梦想的人所创造的。

人生靠加法成长，人生靠减法成功；
人生靠乘法成就，人生靠除法圆满。

真正起作用的不是偶尔的行动，而是持之以恒的行动。所有行动的源头是什么呢？是什么决定了我们成为什么样的人，取得怎样的成就呢？是我们的决定。我们的命运就是在这些决定中塑造出来的。决定我们命运的就是我们的决定。

君子有三畏：畏天命，畏大人，畏圣人之言。

一个人有所敬畏才有所成长。
一个人若是无所敬畏，就很难成功。

成功就是做好事，并坚持把事做好。

鹰，没人鼓掌，也要飞翔；
小草，没人关注，仍在成长；
山里的花儿，没人欣赏，依旧芬芳。

做人不需要人人都喜欢，坦坦荡荡就好；
做事不需要人人都理解，全力以赴就好。

实现梦想的路上注定充满坎坷、孤独、彷徨、质疑、嘲笑……
而同样也会有收获、历练、成长、价值的实现、生命的绽放……

成大业者不为情所动、不为情所迷、不为情所困，
能够自信、自由、自在，放下、放开、放飞！

认识决定高度，需求决定追求。
提高认识，提升需求，是改善人生的重要前提！

利众者伟业必成
一致性内外兼修

彭清一题

春天不播种，秋天没粮吃。
我今天的收获，是我过去付出的结果；
假如我想增加明天的收获，就要增加今天的付出。

我们不是因为有希望而坚持，而是因为坚持才能看到希望！

唯有巅峰的状态，才能创造巅峰的成就。一个不能随时随地保持良好状态的人，不可能经营好自己的人生与事业！

时间就是金钱，效率就是生命。

一个人是否成熟的标准就看他是否建立强大的自我，
不受一切干扰，自信、自在、自然、自强、自如！

你的梦想有多大，你就能成就多大的事业。

人生不成功，最致命的原因在于不愿意向有成果的人学习。

任何当你有勇气开始的时候，都是最好的时候！

只要用心就有可能，只要开始永远不晚。

我听到的有可能会忘记，

我看到的有可能会记住，

我动手去做的则会真正明白！

你塑造的环境就是你的游乐场，

人很难在错误的环境中做出对的事情！

学会跟比自己成功的人相处，你就会发生改变。

迈向人生高阶的五大步骤：

1. 改变思维模式

2. 完善你的心智

3. 找到学习的典范

4. 建立亲密的关系

5. 付出大于预期的收获

知识是最大的善，无知是最大的恶。

人生不设限，才会精彩无限。

学习是最赚钱的投资。

敬天
愛人
以心
爲師

彭清一 北京

我所设定的标准，将决定我人生的结果。

用我成长的速度，来震撼我所遇到的每一个人。

强者激励别人，弱者被人激励。

一个人能经受住多大的打击，才能干出多大的事业。人生不如意事十之八九，也许我们不能改变世界，却可以改变自己。让烦恼变成大海里的一滴滴水，内心强大，则世界辽阔。

所有的追寻，都是在等待一个持久的奇迹发生！

今日我们所有的学习、成长、精进和蜕变，
都是为了“遇见”明日更好的自己。

生命中最美好的事，都是从“我要，我愿意”开始的。

我们无法量化生命的意义、成就的大小、当下的得失，无法预知十年后的自己和明天的境况。所以，必须努力在当下，至于结果，就等时间来证明吧！

每个人的人生只有一次，而读书却可以让我们体验千种不同的人生，感知千种不同的活法。

成功需要大肆庆祝，失败不必耿耿于怀。

世界上唯一可以不劳而获的就是贫穷，
世界上唯一可以无中生有的就是梦想。

生命中所有的问题都是能量的问题，
所有能量的核心源于动机，一切动机的动力源于爱。

一个人要真正把事情做好，

需要经过三个阶段：忘名、忘利、忘我。

当你没有人生梦想的时候，就没有人来帮你实现梦想。

我，是我命运的主宰；

我，是我梦想的行者；

我，是我精神的导师；

我，是我灵魂的统帅；

我，是用心体验当下、用心生活的人。

安全感不是别人给的，安全感是自我精进与强大所带来的，

你若不成长、不精进、不改变，谁又能给你安全感呢！

你的念头，决定了你的一切；

你的行为，决定了你的贵贱。

厚德载物

演讲教育艺术家彭清一

人一出生就开了一家公司，叫人生有限公司，

我就是我人生的总经理。

说话让人舒服，

做事让人喜欢，

做人让人想念。

真正伟大的事业是付出、奉献，

而不是据为己有，不是停滞不前。

当我对所做的事情不满意的时候，

当我做事情不用心、不认真的时候，连我自己都看不起自己。

一个人没有经历痛苦就不会强大，没有经历牺牲就不会重生！

书卷中得智慧，阅读是与古今圣贤相往来。

博学是一个人的学识与精进，仁爱是一个人的仁慈与爱心。

合理安排时间，就等于节约时间，

每分每秒做最有生产力的事！

每一个人对改变都怀有恐惧和抵抗，

但是所有改变的背后都将带来惊喜和礼物。

问题就是礼物，礼物的好坏不在问题本身，

而在于我们对待问题的态度与方法！

如果你能控制事件的意义，你就能精通自己的生命。

生命里的事件不是发生在我的身上，而是为我发生。

问题决定关注度，关注度的核心在于焦点。

人生只有问很好的问题才会拥有很好的结果。

一个人能够让自己兴奋起来，是件非常棒的事；

一个人能够让自己持续兴奋，是件很伟大的事。

生命的秘密=成长+贡献；

命运=成就的科学+满足的艺术。

谦虚使人成长， 好学使人上进，

精进让人飞翔， 持续创造辉煌。

中国梦

如实现中国梦我们必须：

以稻穗之洁求其品 以秦岭之高求其志

以潭鳖之保求其誉 以冬水之共勉

求其风

庆东木

甲午木二

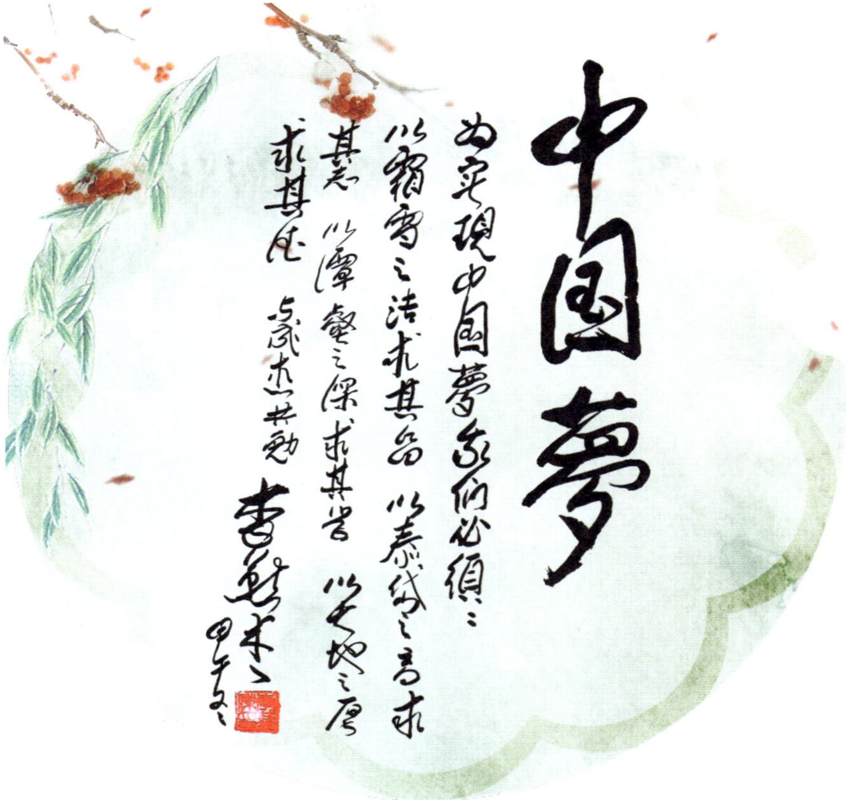

没有成长的成功是短暂的成功，
没有成长的成功是不会持续的，
唯有成长的成功才是真正的成功。

爱自己最好的方式就是成长自己，
爱众生最好的方式就是成就众生。

没有计划不要开始，没有总结不要结束。
成功开始于自我分析，结束于自我反省！

人生要积极，但不要着急。

努力不仅仅是为了成功，更是为了人生的尊严。

成长等于快乐，改变等于幸福。
能量等于势不可挡，自我超越等于不败之地。

一个人最大的破产，是信用的丢失！哪怕你一无所有，只要信用还在，依然有翻身的本金。维持好自我的信用，珍惜别人对你的每一次信任！因为在人生中，很多时候我们只有一次机会!

朋友有时候就像钞票，有真也有假。

我们需要的是质量，而不是数量。

时间是最好的验钞机，能分辨出真假。

无论何时，无论何地，坚持“认真努力地活着，便能带来充实的人生，打磨自己的灵魂”这一信念从不动摇。

生命因为有不一样的渴望，从此就开始变得不一样！在渴望的路上，我会不断地锻炼自己、提升自己、成长自己，最终我会成为我所渴望的那个人。

实现我们自己的梦想，是我们表达宇宙生命的一种方式。

心想事成、梦想成真是每个人与生俱来的本事。

时间，是距离，是宽恕。

让一些东西更清晰，

让一些感情更明白，

让一切都归于平静。

目标一旦明确，贵人就会出现；

目标一旦明确，资源就会出现；

目标一旦明确，人才就会出现；

目标一旦明确，方法就会出现；

目标一旦明确，动力就会无限。

水滴穿石，并非水的力量，而是水的信念和水的坚持。

每天叫醒我们的不是闹钟，而是心中的梦想。

天地之道利而不害
聖人之道為而不爭
大商之道濟世蒼生
巨海之道正念利他

摘自成傑心語 戊戌孟春上海黃浩書

人生最值得回味的经历，是生命中那些不容易的日子。

一个人外在的成就，是内在功德的显现。

宇宙万物停止成长，就意味着开始消亡。

知而不行，不为真知；行而不知，不为真行。

学了不用，永远都没用；学了就用，越用越有用。

没有一事敢马虎，没有一日敢懈怠。

让我所经手的每一件事，都贴上卓越的标签。

当我们把小事情做好的时候，老天爷自然会给我们大机会。

要想改变结果，首先改变思想；
要想让结果变得更好，首先让自己变得更好。

人生只有追随，才能获得精髓；
人生只有长随，才能获得真传。

老板进步一小步，企业进步一大步；
父母进步一小步，孩子进步一大步；
老师进步一小步，人类进步一大步。

失败的人，用时间和空间来换取金钱；
成功的人，用金钱来换取时间和空间。

在成为领导人之前，我最大的成功，就是努力成长自己；
在成为领导人之后，我最大的成功，就是帮助下属成长。

演說

成傑智慧心語

演說的最高境界
就是沈默兼脩
說服的最高境界
就是說服自己

戊戌文宏偉

演说篇

翻开历史的篇章，一句话改变历史、一句话颠覆朝代、一句话力挽狂澜于危难、一句话不战而屈人之兵的案例比比皆是。

演说的魅力在于，它能纵观古今，颠覆朝代；
它能传播文明，传承智慧；它能化干戈为玉帛，化腐朽为神奇。

一语定乾坤

李铁映

壬辰二月

开卷有益，开口有才。

内容为王，策略制胜。

思想是底片，演说是照片。

总裁的形象等于企业的形象。

总裁的影响力决定企业的影响力。

动作创造情绪，肢体动作倍增影响力。

眼睛是心灵的窗户，演说是智慧的大门。

人类的每一次进步，都离不开语言开路。

演讲就是自信、自然、自如、自在的流淌！

习惯于使用吉祥的语言,我的人生就会吉祥如意。

真感情就是好文章，真诚是打开心灵的钥匙。

演讲是信心的传递、情绪的转移、能量的说服。

一言之辩重于九鼎之宝，三寸之舌强于百万之师。

拳头可以打断一个人的肋骨，语言却可以穿透一个人的灵魂。

演讲就是讲故事，故事是演讲的灵魂。

演说要传递爱、信心和希望，传递使命、愿景和梦想。

驰骋商海风云，笑傲春秋人生，掌握演说智慧，胜过百万雄兵。

演说的十六字真经：打开自己，脱口而出，热爱丢脸，上台表现。

沟通才能畅通，98%的矛盾来自误会，

98%的误会是因为缺乏有效的沟通！

天助利众者，听众就是演讲者的天。

好的演讲是让听众听懂，并立即行动。

演说的最高境界是：内外兼修，一个人的影响力来自于一致性；

说服的最高境界是：说服自己，一个人唯有彻底地说服自己，才能说服任何人。

一个人不管你有多少钱，走到最后，人们关注的就是你的影响力，而公众演说是建立影响力最有效的途径。

演说力决定品牌的影响力。

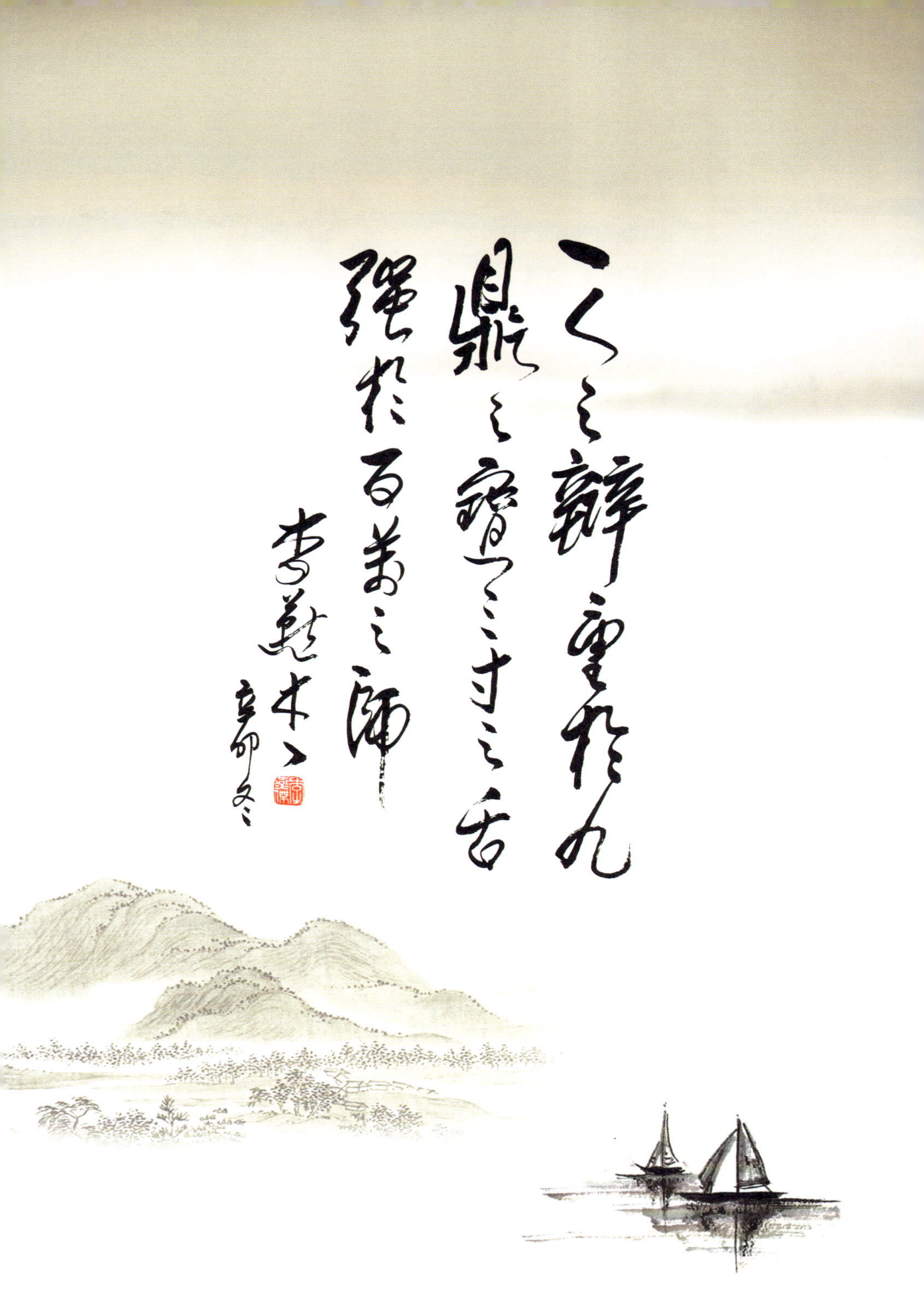
一人之辯重於九
鼎之寶三寸之舌
强於百萬之師
辛卯冬

公众演说是吸引顶尖人才、打造团队最快的方法。

只要讲话，就要用心表达；
只要讲话，就要学会赞美。

演讲就是一场感召的过程，
生命就是一场感召的游戏。

公众演说可以让你快速成长100倍。

相信是万能的开始，公众演说是提升自信心最有效的方法。

公众演说可以让你出版畅销书，成为名人，
同时受邀演讲，顺便环游世界。

精進

成傑智慧心語

一個不能日日精進的人
就是在背叛自己的夢想
一個不斷自我超越的人
就是在呵護自己的夢想

戊戌文宏濤

公众演说就是用一个人的力气，

做100个人的事，创造10000倍的利润。

讲话积极正面、向上向善，就在普度众生；

讲话消极负面、向下向恶，就在谋财害命。

运用幽默，活跃全场气氛；

随时总结，突出演讲重点；

把控时间，高潮处戛然而止。

人生有四乐：自得其乐，知足常乐，助人为乐，天天快乐。

公众演说是最快速帮助最多人的方法，演说家以帮助他人为乐趣。

高效学习公众演说的九大核心：

眼睛看，学一遍；耳朵听，学两遍；嘴巴讲，学三遍；

记笔记，学四遍；动手势，学五遍；乐分享，学六遍；

善总结，学七遍；心感悟，学八遍；勤实践，学九遍。

作者与恩师演讲教育艺术家彭清一教授

行事之恶，莫大于苛刻；

心术之恶，莫大于阴险；

言语之恶，莫大于造诬。

伤人以言，甚于刀剑；

得人善言，如获金珠宝玉；

见人善言，美于诗赋文章。

演讲就是讲故事，全世界最好的故事就是属于你的故事。

自己的经历是演说最好的素材。

一切未经准备而站在听众面前的演讲者，都无异于在“裸体示众”！所以，要想演讲成功，在公众演说时保持放松的心态，让演讲更自然、更自在，还是“先把衣服穿好吧”！

一小时的演说，十小时的准备。准备演讲比演讲本身更重要，准备得越充分，就越自信，越自信就越自然，越自然就越有“杀伤力”。

作者与恩师演讲教育艺术家李燕杰教授

超级演说家的五大信念：

一、气场就是说服力；

二、幽默是演讲的润滑剂；

三、心像降落伞，打开才有用；

四、一小时的演讲，十小时的准备；

五、演讲等于帮助，我的出现就是要“普度众生”。

大道至简，至简则美！

讲话的核心不在于多而贵于精，在于点到要害，

这就是讲话的最高境界——“一语定乾坤”。

听众就是演说家最好的镜子，

要通过听众反射出我们真实的一面。

沟通的秘诀：沟通不在于让对方知道什么，沟通也并非让对方明白什么；沟通在于让对方对一个问题进行深度的思考，并最终自我获得智慧，自我找到理想的答案！

作者与世界第一销售训练大师汤姆·霍普金斯

为爱成交·国际研讨会视频

一以贯之人为本，

二讲阴阳天地准，

三阳开泰精气神，

四海同心爱为根，

五行演说福临门，

六六大顺和谐美，

七星高照定乾坤，

八方来客共创新，

九九归一巨海魂，

十全十美梦成真。

好的演讲能让人们真正感受到人性、激情、喜悦、梦想与想象力。

学习公众演说就像学开车一样，一旦学会，就会受益终身！

演说家的气质，是无形的魅力；

演说家的气度，是胸怀的语言；

演说家的气场，是隐形的能量。

領導

成傑智慧心語

領導人不僅限於自身的優秀
而在於培養更多優秀的人才
並用好比自己還厲害的人物

戊戌文宏偉書

领导篇

成本智慧

请问你是管理者还是领导者？

管理者的本质在于拉动！
管理者以身作则，带兵打仗，冲锋陷阵。

领导者的核心在于复制！
领导者以身示范，把一棵树变成一片森林。

志不立，无以成天下之事。

集众人之智，成众人之事。

管理就是服务，领导就是奉献。

做人良知为根，做企业诚信为本。

领导人的第一品质就是能量。

领导人所有的问题都是能量的问题。

领袖没有能量，就是最大的“不道德”！

领导者的追求，会赢得更多人的追随。

老板是导演，员工是演员，公司是舞台。

你能够成就多少人，你的企业就能做多大。

领导力就是用人的能力，用人就是帮助人、影响人和成就人。

人才是企业的第一资本，造物之前必先造人。

愚者用生命成就事业，智者用事业圆满生命。

创业修炼的就是自己的心性，教育修炼的就是自己的一致性。

上君用人之智，中君用人之力，下君尽己之力。

领导者领导使命，领导者领导愿景；团结人，干大事。

伟大的事业，是一群痴迷于伟大梦想的人所创造的。

小公司生存靠“钱”，大公司发展靠“道”。

小老板比赚钱，中老板比花钱，大老板比分钱。

销售就是一棵发财树，服务就是一棵摇钱树。

对于老板来讲，最不值钱的就是钱；
对于老板来讲，最值钱的是时间和精力。

销售会让你一时变得有钱，
服务会让你一生变得富有。

严是爱，软是害；管理是严肃的爱。

君子之道，低调却日益彰显；
小人之道，鲜明却日渐消亡。

物质是等待被释放的能量，
能量是已经被释放的物质。

企业的第一核心竞争力就是老板，
老板的第一核心竞争力就是能量！

厚积薄发
志在必得
彭清一 北京

战略定成败，

系统定规模，

细节定利润，

培训定成效，

人才定江山。

企业管理三个阶段：

小企业靠感情，

中企业靠制度，

大企业靠文化。

把优秀的人才变成股东，

把卓越的人才变成大股东，

把优质的客户变成合伙人。

一家伟大的企业，源于一个伟大的企业家；

一个伟大的企业家，源于拥有伟大的梦想。

有德有才，破格重用；有德无才，培养使用；
无德有才，限制使用；无德无才，坚决不用。

领导人就是发自内心地成就人，
你能成就多少人，你就能做多大的事业。

公司把员工当工具，员工就把顾客当玩具；
公司把员工当家人，员工就把企业当成家！

所有的管理来源于自我管理：修己才能安人，内圣才能外王。

老板要和人才形成利益共同体，
老板要和人物形成荣誉共同体，
老板要和合伙人形成精神共同体，
老板要和所有人形成命运共同体。

员工不外乎两个问题：一是态度的问题，二是能力的问题。

企业多一些无条件的爱，管理就会变得简单而轻松。

不要让“雷锋”吃亏，不然“雷锋”就会越来越少。

企业文化就是老员工文化，就是老板文化，
就是老板思想、品德、行为的延伸。

小老板做事，大老板做人，领袖造梦想。

小企业经营事，大企业经营人，领袖经营未来。

制度只能管住员工的身体，精神却能牵引员工的灵魂。

管理就是沟通。

企业的管理，过去是沟通，现在是沟通，未来还是沟通。

沟通的核心在于推心置腹，沟通的目的就是让对方变得更有力量。

管理就是平衡，经营就是超越。平衡才能持久，超越才会强大。

领导即领导人心。人心所向，无所不达；人心所向，无所不能。

心态决定状态，眼界决定境界，心胸决定格局，格局决定命运。

领导就是容人忍事。

你的心中能装下多少人，你就能领导多少人。

领导者都是造梦者，

通过造一个美好的梦，

来吸引顶尖人才，一起实现梦想。

志当存高远，路从脚下行；

动机至善，私心全无；

敬天爱人，以心为师。

智慧的领导人不在于能解决多少问题，

而是能预防多少问题的发生。

动机善，则事必成。

一切有形的都是有限的，一切无形的都是无限的。

领导者做五件最有生产力的事：

1. 思考； 2. 决策； 3. 求贤； 4. 学习； 5. 交友。

创千秋伟業
登百尺高樓

彭清一 北京

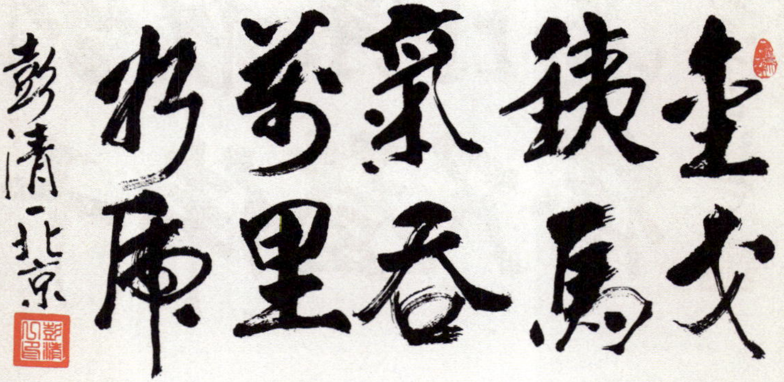
金戈鐵馬氣吞萬里如虎
彭清一 北京

走上创业这条路，就没有回头路，只许成功，不许失败。

因为，老板是这个世界上最孤独的“英雄”。

领导力是怎样做人的艺术，而不是怎么做事的艺术。

领导力决定企业的生命力，领导力决定一切。

老板的高度决定企业的高度，

企业的发展永远超越不了老板的高度。

企业所有的问题都是人的问题，

人所有的问题都是教育的问题，

所有教育的问题都是爱的问题。

老板等于导师，领导等于教练，企业家就是精神领袖。

一个不会教育员工的领导充其量就是一个监工。

天行健，君子以自强不息

于猴年于京

彭清書

成功是被逼出来的。

一流的员工是训练出来的，

优秀的干部是折腾出来的，

伟大的企业家是熬出来的。

领导的最高境界是发自内心地喜欢每一个人，

能喜欢上你不喜欢的人，你的境界就提升了。

行动大于计划，兑现大于承诺。

领导人要学会：少承诺，多兑现。

没有懒惰的员工，只是梦想不够吸引他。

领导人就是发自内心的关心人、服务人、照顾人、帮助人、提升人、影响人、成就人。

慈不养兵，义不养财；用霹雳手段，方显菩萨心肠。

身先足以率人，律己足以服人，倾财足以聚人，量宽足以得人。

没有执行，一切都是空谈。

一切以成果为导向，没有功劳的苦劳只是徒劳。

卓越的领导人不仅限于自身的优秀，

而在于培养出更多优秀的人才，用好比自己还厉害的人物。

股份决定身份，所有顶尖的人才时刻都在追求身份感。

领导人的两大成功秘诀：

1. 让每个人感觉自己很重要；
2. 所说所做让别人感觉舒服。

物质终将被人们所遗忘，唯有精神才能生生不息；

企业家传承的核心不在于物质，而在于传承精神！

基业长青是每个企业追求的最高境界，

持续的变革与升级和有效的传承是保持基业长青的核心命脉！

企业家需要思考的三个问题：

1. 企业到底是什么？
2. 老板到底要成为什么样的人？
3. 做企业的核心动力是什么？

你是为钱存在，还是钱为你存在？花钱比赚钱更重要！

今天，无数老板只会赚钱，不懂花钱，所以成为“钱奴”。

地势坤君子以厚德载物
彭清 北京

制定企业战略，凡事先问“为什么”，再问“怎么做”。

企业因为什么而存在是一个非常明确的答案，即企业为顾客存在。真正影响企业持续成功的主要重心不是公司的策略目标，不是技术，不是资金，也不是发展策略的流程，而是专注、集中焦点为顾客创造价值的力量。

领袖就要像太阳一样，
所到之处，光芒万丈，魅力四射，照耀万物，惠及众生！

所有真正的企业家，都相当于战争年代无数次从死人堆里爬出来的将军、元帅。所以，活着就是庆幸，活着就要感恩。

小合作要放下态度，彼此尊重；
大合作要放下利益，彼此平衡；
一辈子的合作要放下性格，彼此成就。

老板的第一要务就是求贤。企业中人对了，事就对了。

战略就是站在高处望远处，有智慧和前瞻性的思考叫谋略！

企业家不能凭性格领导企业，而应驾驭于性格之上，因需而变。

上等公司治理靠文化，

中等公司治理靠制度，

下等公司治理靠义气。

每位卓越的领导人都拥有仆人的胸襟，“欲站人前，先居人后”。

领导者和追随者之间的根本区别在于创新，

伟大领导者的核心特质在于持续不断地创新、创造。

有领导力的人，能够在别人的心中植入强大的“肯定性”。

领导人就是说话、做事、做人，让别人舒服的人！何为舒服？首先是别人能接受、能承受，其次是和别人正面沟通、正向确认，再次是让别人变得更积极、更有能量！

推动企业发展的三种能力：

高层 · 领导力：帅明其道；

中层 · 管理力：将通其法；

基层 · 执行力：兵精其术。

领袖都是学问的践行者。领袖成长的核心是“坐而论道，起而践行”，领袖时刻都在行动中学习，在学习中践行。

管理学的伟大发现，就是把“我”变成“我们”。

领袖的五大追求：

1．追求学识的丰富；

2．追求人际的和谐；

3．追求事业的顺利；

4．追求家庭的幸福；

5．追求人格的完善。

领导人获得尊重的唯一通道就是对别人“有帮助”，

你对别人帮助的大小将决定你获得尊重的多少。

无数人耗尽生命为了成就一番事业，

而我愿意用事业让生命变得圆满。

一个合格的管理干部是“干”出来的。

肯干：渴望、意愿、主动；

愿干：付出、奉献、牺牲；

能干：责任、担当、胜任。

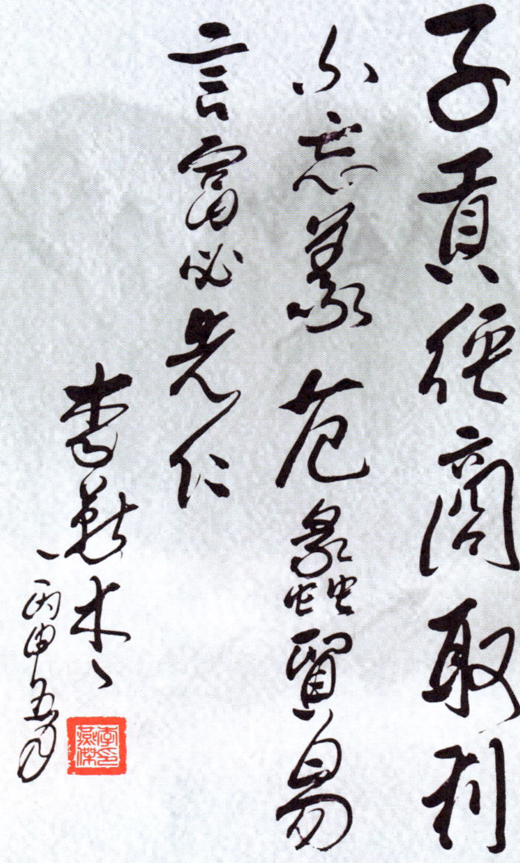

子貢經商取利
言富必先仁

读书好营商好效好便好，创业难守业难知难不难。

伟大的企业源于伟大的领袖，伟大的领袖源于伟大的梦想。

领导人用人的核心在于“心容万物”。领导人比的是胸怀，比的是境界，比的是心量。一个人的心就好比一间屋子，如果屋子太小，人走进去就会堵塞、难受；如果屋子够大，人走进去就会舒服、自在。

经营企业的本质是什么？
经营企业就是经营人，经营企业就是经营人才，经营企业就是经营梦想，经营企业就是经营更多人的未来，经营企业就是经营更多人的快乐与幸福。

不是每位创业者都能成为伟大的企业家，
但伟大的梦想和崇高的追求是每位创业者都应该拥有的。

企业持久的胜利在于：持续为顾客创造价值！

让顾客因为使用我们的产品更成功、更富有、更健康、更幸福、更智慧、更有正能量。我们巨海集团始终坚持这样的原则与立场：持续为顾客创造价值是我们永远的追求与不变的宗旨！

一个企业有什么样的老板，就会产生什么样的文化；

一个企业有什么样的文化，就会吸引什么样的人才；

一个企业有什么样的人才，就会形成什么样的团队；

一个企业有什么样的团队，就会建立什么样的行业地位。

企业存在的四种人：

第一种人：燃烧自己、照亮别人（简称“富人”）——重用；

第二种人：总是被别人所照亮的人（简称“穷人”）——正常用；

第三种人：怎么点也点不着的人（简称“死人”）——坚决不用；

第四种人：指责、抱怨、负能量（简称“废人”）——禁止使用！

利衆者偉業必成

一致性内外兼脩

成傑智慧心語　戊戌桃月下澣潤霄鵬書於含滑居

领袖九度修炼

在做人上，精明不敌气度；

在做事上，速度不敌精度；

在交友上，较真不敌大度；

在赚钱上，无度不敌适度；

在工作上，能力不敌态度；

在知识上，广博不敌深度；

在思想上，敏锐不敌高度；

在成事上，才华不敌韧度；

在气质上，外貌不敌风度。

卓越企业家的十大特质：

一、崇高的理想和强烈的使命感

二、自信、乐观、激情、正能量

三、信守承诺，诚信可靠

四、合作共赢，资源整合

五、勇于创新，勇于变革

六、敢于冒险，但绝不冒进

七、终身学习，开放包容

八、未雨绸缪，忧患意识

九、敢想、敢做、敢担当

十、眼光独到，决策果断

当很多人问我，“创办巨海公司十年来最大的收获是什么？”

我的回答是：十年的创业生涯让我真正明白——创业是人生最好的修行之路，创业是生命的最佳体验之旅，创业是生活向上向善的激情燃烧，创业是心性提升的一段修行，创业让我的心智更成熟，人格趋近于完善。

十年来，我的收获：“无形大于有形。”

境界
愚者用生命
成就事业
智者用事业
圆满生命

境界篇

“

投入的最高境界就是忘我，
忘我的最高境界就是无我，
无我的最高境界就是把自己完全融入到所做的事情中去。

建立自我，追求无我。
一个人从无到有在建立自我，凭的是能力与拼搏；
一个人从有到无在追求无我，修的是胸怀与境界。

”

歸零
丙申八月

做事精益求精，做人追求卓越。

水洗万物而自清，人利众生而自成。

利众者伟业必成，一致性内外兼修。

天下本无事，随时皆自在。

菩萨畏因，凡人畏果；
因上努力，果上随缘；
动机至善，私心全无；
全心全意，无我境界。

善心善行，用心践行。

慈悲为本，利他为先。

接受事实，才能进入真实。

信任就是责任，承担才会成长。

大气者，成大器，必成大业。

世上除了生死，其他都是小事。

细微之处见风范，毫厘之间定乾坤。

教育为本，实业为根，金融为势，慈善为魂。

相信是万能的开始，生命是信念运作的结果。

得之不喜，失之不忧；
得失随缘，心无增减。

人脉决定命脉，认识一个人，推开一扇门。

当众提意见叫拆台，私下提建议叫补台。

竹密不妨流水过，山高岂碍白云飞。

差一点失败叫成功，差一点成功叫失败。

志不可满，傲不可长，欲不可纵，乐不可极。

任何人、任何事都不能阻挡我前进的步伐。

人生有两种命运：影响别人和被别人所影响。

成功需要付出代价，不成功需要付出更大的代价。

一群人，一辈子，一件事，巨海教育培训；
帮助人，影响人，成就人，我们普度众生。

人脉决定钱脉，人脉决定命脉。

不害怕失败，不设限成功。人生不设限，才会精彩无限。

活出生命的精彩，因为，我比我想象的更有力量。

别人对你的尊重和评价都是由你的表现和发挥来决定的。

地低为海，人低为王；人越深越平，海越宽越静。

眼界决定世界，眼界决定境界。境界上去了，问题就没有了。

顾客是最好的老师，市场是最好的学堂，同行是最好的榜样。

智慧胜过财富：财富需要你去照顾，但智慧却会照顾你一辈子！

小成功靠朋友，大成就靠敌人；小成功靠磨难，大成就靠灾难。

独善其身，达济天下。

做慈善是小善，做好企业是大善。

小事情就是一切。

当你把小事情做好的时候，老天就会给你大机会。

只要有自己的双脚，就可以走出人生的道路；

只要有心中的梦想，就可以实现生命的辉煌。

心不唤物，物不至。

渴望是拥有的开始，

越渴望就会越拥有，

渴望的程度决定你拥有的程度。

付出有多少，结果会说话。

今天的收获，是过去付出的结果；

假如想增加明天的收获，就要增加今天的付出。

君子取之以道，小人趋之以利。
谈经济外，当谈道义，可以化人；
谈心性外，当谈因果，可以劝善。

只要我们全力以赴，上天都会给我们礼物；
只要我们全力以赴，世界都会为我们让路。

一个人有计划的付出，只会有计划的回报；
一个人随时随地的付出，就会随时随地得到意想不到的回报。

一个人活着不仅仅是为了证明自己，更需要去成就别人。
你能成就多少人，你就能做多大的事业！

读人胜过读书，读懂一个人，胜读一百本好书！

人生即在选择与放弃间。
选择就意味着原有的放弃，放弃就意味着新的选择！

人生的价值在于付出，在于给予，而不是在于索取。
一个索取的人不会富有，一个付出的人不会贫穷。

能够喜欢我们不喜欢的人，是幼稚走向成熟的标志；
理解别人对我们的不理解，是大爱的必经之路；
包容别人对我们的不包容，是胸怀真正的修炼。

经营企业所遇到的问题不是能力的问题，也并非方法的问题，而是企业家境界的问题。境界上去了，问题就没有了。老板学习，不仅仅是为了懂更多的方法，而是直接提升境界。

人生中的每次付出就像山谷当中的喊声，你没有必要期望谁听到，但那延绵悠远的回音，就是生活对你最好的回报。付出总有回报，只是时间和空间的不同而已。

財自道生
利緣義取

彭清 北京

过去已经过去，未来还未到来，
而现在的一切，才是最好的安排！

自私自利使人变得渺小，放下自私自利也就放下了渺小的自己；
无私利他使人变得伟大，选择无私利他也就选择了伟大的自己。

在路上，总有很多意想不到的突发事情，发生什么已经不重要，而用什么样的心情与态度来面对才能决定过程的愉悦。假如过程不愉悦，纵使达到目的也不会有太大的意义与价值。

爱是恒久忍耐，又有恩慈；爱是不妒忌；爱是不自夸，不张狂，不做害羞的事，不求自己的益处，不轻易发怒，不记算人的恶，不喜欢不义，只喜欢真理；凡事包容、凡事相信、凡事盼望、凡事忍耐，爱是永不止息。

所有世间乐，悉从利他生；一切世间苦，咸由自利成。

海纳百川的胸怀容纳万事万物，
因为，大包容是化解一切问题的核心！

什么叫知行合一？知行合一就是：做自己所说，说自己所做！

智慧而淡定，仁爱而持重，勇决而从容，博识而谦恭。

一个人的框架有多大，他的世界就有多大！
人生要想有更大的突破，就需要持续不断地“破框”！

包容，就是容纳了别人，也给自己留下心灵自由的空间。
包容别人，幸福自己。

立功立德立言真三不朽，明理明知明教乃万人师。

每一个人都是井底之蛙，只是井口大小不同而已。

爱是生命之王。

爱是一种给予，爱是一种接纳，

爱是一种连接，爱是一种关系。

成大业者心中有爱，无恨；

成大业者心中相信，无疑；

成大业者心中宽容，无堵！

不求虚名，但求无愧；

不求浮利，但求心安。

坦坦荡荡，安详自在，其言也善，其心也真。

慈悲为本，利他为先，焦点利众，众人成全。

从一开始就不要刻意追求结果，而是尽情地去做喜欢做的事情，

爱是无所谓奖励和惩罚的，只要真正有爱，一切就变得非常简单！

站在未来看现在，我们都可以成为伟人。

一个人改变自己是自救，一个人影响众生是救人。

一个人如何对待“小人物”，就知道他是否能成为大人物。

一个人的能力，决定他能走多高；
一个人的品德，决定他能走多远。

出人头地，光宗耀祖，功成名就，都只是人生的一个过程而已。
人生真正的目的是“成为一个有品格的人”！

一个家族的荣耀，不取决于财富的多寡，
而在于每个家族成员对待财富的态度。

成大业者，都活在自己的精神世界里。
物质终将被人们所遗忘，唯有精神才能生生不息。

品若梅花香在骨，人如秋水玉为神。

人的品德应该如梅花一样芳香入骨，

人的精神应该如美玉一般晶莹剔透。

学识的渊博不是为了征服别人，而是为了看清自己的渺小；

财富的丰厚不是为了炫耀，而是增加扬善的使命；

地位的显赫不是为了孤芳自赏，而是为了率众前行；

力量的强悍不是为了欺压弱小，而是为了自由地呼吸。

一个人有了能量，不是为了满足私欲，

而是为了承担更大的责任与使命！

做慈善，不是给了多少钱，而是让更多的生命看到希望与被关爱。

君子不辩，小人常争。

君子行事光明磊落，所以不用解释，不用辩解；

小人自私自利，所以喜欢争抢，最终一无所获。

小成功者都是活在自我的世界中，

大成就者都是活在众生的世界里。

时间、空间和角度的重合点就是宇宙真相！

一切的痛苦都因远离真相、唯有真相才能带给我们自由与解脱！

管理者的三层境界：

1. 关注任务，强调业绩；
2. 关注人才，强调团队业绩；
3. 关注组织，强调组织建设、组织业绩。

教育的本质是爱，爱的核心是教育。巨海公司是一个拥有伟大而神圣使命感的教育事业平台。巨海时刻传播正能量，传承大爱精神，巨海永远以帮助人、影响人和成就人为不变的宗旨，永远引领人们向上向善，到达幸福的彼岸。我们将以教育为终身事业，以帮助影响成就更多人的生命作为奋斗目标！

不辩，是一种智慧；不争，是一种悲慈；

不看，是一种自在；不闻，是一种净清。

真正的爱心，在于急人所需，而非急人所欲。

立身中正，为事公允，方能不误生命之馈赠。

自爱是一己之爱，博爱是众生之爱；

不弃自爱，弘扬博爱，才是真爱。

一己之爱，有利于家庭的和睦；

众生之爱，有益于社会的和谐。

聪明的人想着如何赚钱，智慧的人总想如何帮助别人创造价值。

先凌云志终不二
先报国情无绝期

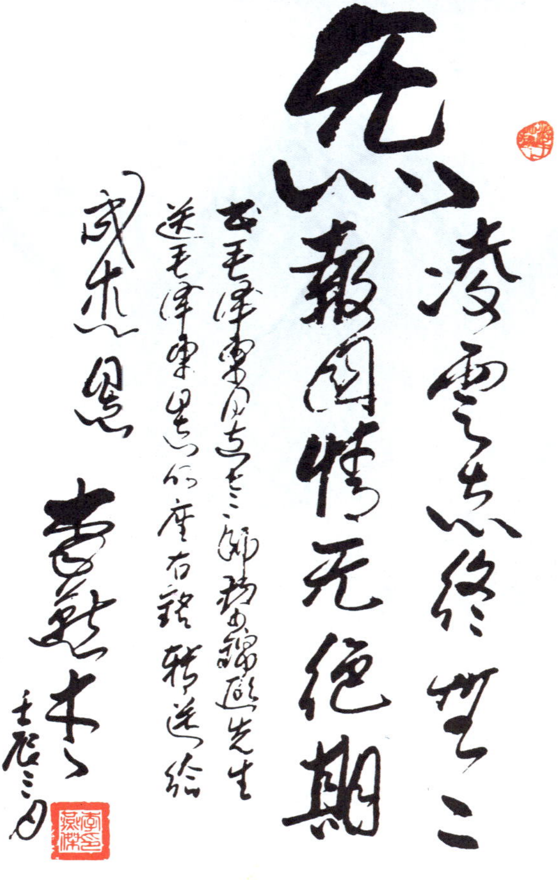

有些人，似荷，只能远观；
有些人，如茶，可以细品；
有些人，像风，不必在意；
有些人，是树，安心依靠。
心清净了，生活就美好了；
心喜悦了，幸福就来到了。

从现在看过去，会看见无知；
从宽容看是非，会看见解脱；
从接受看命运，会看见踏实；
从平凡看生活，会看见喜悦；
从检讨看内心，会看见成长；
从随缘看事物，会看见自在；
从善念看他人，会看见慈悲；
从乐观看未来，会看见希望；
从反省看自己，会看见转机；
从知足看人生，会看见珍惜。

大其心，容天下之物；

虚其心，爱天下之善；

平其心，论天下之事；

潜其心，观天下之理；

定其心，应天下之变。

话，不能说得太满，满了，难以圆通；

调，不能定得太高，高了，难以合声；

事，不能做得太绝，绝了，难以进退；

情，不能陷得太深，深了，难以自拔；

利，不能看得太重，重了，难以明志；

人，不能做得太假，假了，难以交心。

人生最大的痛苦，是“想得到”和“怕失去”；

人生最大的践行，是“管住嘴”和“迈开腿”；

人生最大的见地，是“没什么”和“算了吧”；

人生最大的成长，是“日精进”和“随时学”；

人生最大的彻悟，是“怎么来”和“怎么去”；

人生最大的幸福，是“身已安”和“心亦宽”。

有梦想的人，不计较；
有梦想的人，不纠结。

赚钱是一种能力；
融资是一种本事；
花钱是一门艺术。

管理的科学上升到经营的哲学，
才会拥有强大而持久的生命力；
经营的哲学落实到管理的科学，
才会拥有强大而持久的执行力。

老板对员工最大的贡献，
就是成为员工的榜样和偶像，
用老板的精神为员工的生命铸魂；
员工对公司最大的贡献，
就是把自己练成独当一面，
独立自主，以此担当大任。

天道酬勤

演讲教育艺术家彭清一

成杰智慧

使命宣言

我成杰，看到、听到、感觉到，并且深深地知道，我生命的目的就是成为一个拥有巨大影响力的领袖，去帮助、影响和成就更多的生命！

我与我在一起

我与我在一起，是一次久违的重逢；

我与我在一起，是一种身心灵的合一；

我与我在一起，是一份期盼许久的向往；

我与我在一起，是生命自然的临在与觉察；

我与我在一起，是生命真实的存在与显现。

成杰 写于马尔代夫 · 巨海弟子班游学

2016年元月

心潬

道生萬物華
物立衛已心
明道訊身行
衛戊石宏章

成傑智慧心滋

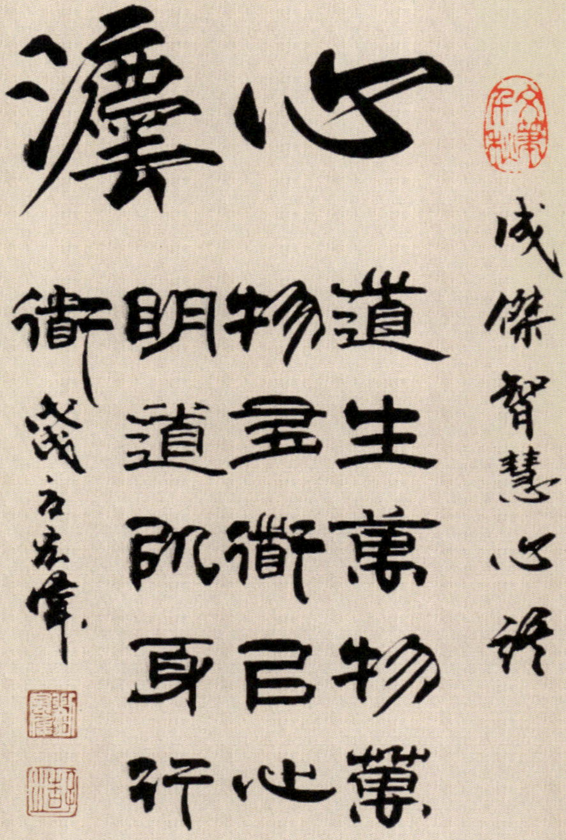

心法篇

“

万法由心生，万法由心灭。

万术不如一道，万法不如一心。

心乃众智之要，心是一切智慧的源泉。

”

我人生的信念
做事精益求精　做人追求卓越

平常心是道，道是平常心。

心量决定能量。

我是一切能量的来源！

只要用心，就有可能；

只要开始，永远不晚。

对生活常怀感恩之心；

对生命常怀敬畏之心；

对人生常怀欢喜之心。

一心所向，无所不能；

一心所向，无所不达。

成功就是每天用心做对做好每件事！

一心可得百人，百心难得一人；

一心可成百事，百心难成一事。

心是一切，一切是心。

只有心超越了，我们才能从所有的困境中解脱出来！

心宽一寸，路宽一丈。

心若计较，处处都有怨言；

心若放宽，时时都是春天。

认真只能把事情做对，用心才能把事情做好。

只有交给，才能获得。一个人没有获得是因为他未曾交给。

拥有爱的人是快乐的，给予爱的人是幸福的，充满爱的世界是温馨的。用心去爱，响应爱的召唤，让心灵在爱中丰盛强大。用爱心做事业，用感恩的心做人。

人类面临的最大问题是缺乏勇气，人生的失败，不管任何方式，最大的失败不是被所发生的事情击垮，而是被事情所引发的种种担心和恐惧击垮。

真信到极点，也就悟了；真悟到了以后，才是真信。
这就是所谓的“越信，就越相信；越相信，就会越信”。

渴望是拥有的开始，越渴望就会越拥有。
你一生中渴望什么，就会拥有什么。

在任何时候、任何环境里，我们能否活得幸福，都取决于我们的内心，而并非受制于外在环境！

“我们是自己的救星，我们也是自己的敌人。”我们是要成为自己的救星，还是要成为自己的敌人，取决于我们心的发展方向。如果我们的心朝着觉醒的方向发展，那么我们就是自己的救星；如果我们的心朝着自私自利的方向、朝着烦恼的方向发展，那么我们就是自己的敌人。

心就像一片田地，每天的起心动念、所说所讲、所作所为，就在心田播种。播下不同的种子，将会结出不同的生命果实！

情绪决定状态，状态决定生命的品质。

“道不外求，以心为师。”
精进在于自己的内心，蜕变源于自己的意愿。

包容是解决一切问题的根源，理解是化解一切矛盾的根本。

当我们的自我认知能够容纳世间万物时，
会找到一种内心与世界共融的宁静。

一个人活得快不快乐，喜不喜悦，健不健康，富不富有，关键在于心，而不是身体。

心像大海，能纳百川。
胸怀大了，问题就变小了；
胸怀小了，问题就变大了。

真正需要追求的是内心的平衡、精神的富足、灵性的自在。
只有持续地让自己变得“值钱”，生命才会更具有价值和意义！

心是人生戏的导演，心是一切行为的主因。
无事心不空，有事心不乱，大事心不畏，小事心不慢。

人类可以通过改变自己内心的态度，
来改变自己的人生，改变自己的世界！

境无好坏，唯心所造；相由心生，情随事迁。

道生万物，万物有道；以心明道，以身行道。
宇宙万物皆应运而生，乘道而行，商道亦是如此。宇宙万物千姿百态，商业社会瞬息万变，万变不离其宗。这一“宗”便是“道”。

一个人心中描绘的事情或心中的愿望，都会如愿地在其人生中出现。事业成功的母体是强烈的愿望！
“心不唤物，物不至”，“心不想，事不成”。

“心”字三个点，没有一个点不往外蹦。你越想抓牢的，往往是离开你最快的。一切随缘，缘深多聚聚，缘浅随他去。

立志言為本
修身行以先

彭清一 北京

安心，才能开心。心若水，握不住。

要想活得开心，先要让自己安心。真正的安心，不是达成自己的愿望，因为欲海无边，而是淡然。壁立千仞，无欲则刚。

淡然的心不计得失，懂得宽容，自然赢得一片宁静。
宁静幸福的生活，要用宁静的心来换取。

计较，产生痛苦。痛苦，来自肉体与精神。多数人，肉体越来越安逸，灵魂却越来越痛苦。而灵魂的痛苦，是最深沉的伤。我们的伤，一半源于纷繁复杂的世界，一半源于难以控制的自己。计较者，既想得到，又怕失去。在得失之间挣扎，扭曲的是自己的灵魂。当一切看淡，一切随缘，心，才能在宁静中安然无恙。

道生万物，万物有道；以心明道，以身行道。

播爱天下
善行無迹
彭清于北京

上善若水

万法由心生，万法由心灭。
心生万法生，心灭万法灭。

心善则美，心纯则真，心静则远。
人之靓丽，并非容颜，而是内心，
心存善念，非靓也美，非富也贵；
人之真诚，并非话语，而是纯洁，
心灵纯洁，不语也真，不诉也纯。

用悲观的心去看世界，看到的世界就是冷淡的；
用乐观的心去看世界，看到的世界就是温暖的；
用负面的心去看世界，看到的世界就是缺陷的；
用正面的心去看世界，看到的世界就是圆满的；
用世俗的心去看世界，看到的世界就是烦恼、痛苦和肮脏的；
用圣人的心去看世界，看到的世界就是菩提、喜悦和庄严的。

相信别人的人，大都是自信的人。
不相信别人的人，大都是不自信的人。

人生不仅仅是为了要赚钱，
而是为了要让自己更值钱。

不是我有钱了我要怎么样，
而是我要怎么样才会有钱。

抱怨消耗能量，感恩升起能量；
抱怨形成分裂，感恩产生连接。

爱自己最好的方式，就是成长自己；
爱众生最好的方式，就是成就众生。

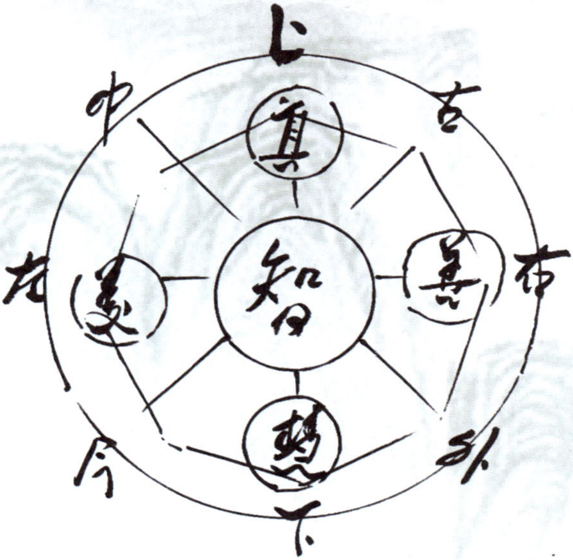

為天地立心為
生民立命為往
聖繼絕學為
萬世開太平

甲午秋

问心

我问心
什么是幸福?
心说
身心安顿，就是幸福
幸福，本无关名利或者财富
我问心
我身体安然，只是如何让心安顿
心说
心中有牵绊，自然就不自由，
不自由，如何能安顿?
我问心
心在红尘走，如何能不牵绊
心说
心，若不为形役，即为自由
我问心
心在形中，如何能不被形役
心说
形，只是承载心的躯壳
犹如，万斤肉身只为一缕气息
心又说：心，又是感受生活的容器
把酸甜苦辣尝透，然后一笑而过
我问心
为何要一笑而过
心说
身不过百年，瞬息而过
如梦一场，何必当真
何况，那心中千百滋味也不过是寻常
背负那被复制的滋味又为何
再况，身的奔波，本为成全心的自由
怎可，让身之一切，成为缚心的枷锁
我问心
如何能一笑而过
心说
名利得失皆如平衡木
得之，又盼；不得，又伤
红尘之大，不过是那诱惑之大
安于自己的一箪食，一瓢饮
就不会为隔壁的满汉全席而垂涎
红尘之痛，不过是那心之摇摆之痛
心，若成粘泥絮，怎会追逐东风上下狂

KUKA
Wir alle sind ONE KUKA.
...Jeder für sich: unvergleichlich!
Alle zusammen: unschlagbar!

匠心注入·使命必达

发心纯粹，动机善则事必成

利众之心，自利则生，利他则久

专心致志，让我经手的每一件事贴上卓越的标签

恒心已定，一群人，一辈子，一件事，巨海教育培训

平常道心，纵有万千诱惑，也难撼动我心

初心不忘，追求极致，以心为师，智慧如海

成杰写于德国·巨海弟子班游学

2017年10月

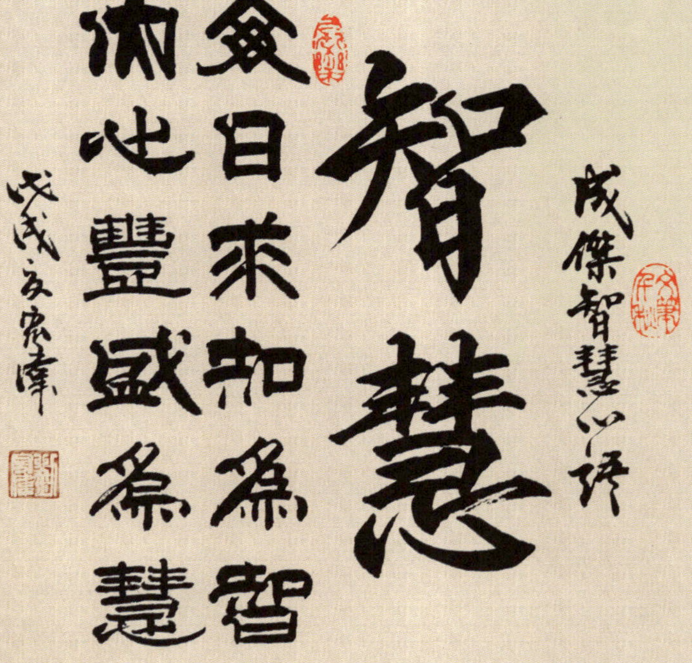
智慧
成傑智慧心語
每日求知為智
內心豐盛為慧

智慧篇

大志者，大智慧。
智慧说：智，法用也；慧，明道也。

天下智者莫出法用，天下慧根尽在道中。
智者明法，慧者通道。

道生法，慧生智。慧足千百智，道足万法生。智慧，道法也。

永存
高遠
大爱
無疆
彭清 北京

无志者，无以生智慧。

兼听则明，偏信则暗。

没有效果，哪来结果。

上智者御心，下智者御力。

大包容是解决一切问题的根源。

人生需要“内修外练”，“触动行动”。

人生就是一场修行，无数的人只修却未行。

如果你不知道去哪里，你就永远哪里也去不了。

相信别人首先相信自己，怀疑别人首先怀疑自己。

一个人最大的破产是绝望，最大的资产是希望。

小胜凭智，大胜凭德；财散人聚，人聚财散。

生命之灯因热情而点燃，生命之舟因拼搏而前行。

勤劳一日，可得一夜安眠；勤劳一生，可得幸福长眠。

信心好比一粒种子，除非下种，否则不会开花、结果。

人在做，天在看；人在想，天感知；人欠你，天还你。

不生烦恼，不足以生智慧；不入巨海，不足以得宝珠。

能量与智慧一样，不是谁发明的，
而是被唤醒的，因为它一直都存在。

今天许多人在追求自由中失去了自由，
因为没有看清楚生命的真相。

学会无诤，才能安住内心的平静；
懂得沉思，才能体悟空性的智慧。

生命就是关系，关系是互动的结果。
一个人跟父亲的关系决定他的成就，
一个人跟母亲的关系决定他的幸福。

念经千卷，不如日行一善；
焚香无数，不如尊老敬贤。
一心向善，将获福报无限。

智
智慧而淡定仁愛而指揮勇決而從容博識而謙恭
李敬木
丙申九月

内心越柔软，智慧越强大。

做好人，行善事，发菩提心。

根植于内心的修养，无需于提醒的自觉；
约束为前提的自由，为别人着想的善良。

平凡的女人怕容颜老去，
智慧的女人让精神不老。

学习之道在于变化气质，
智慧之道在于变化心境。

一个人外在的成功和成就，
是内在成长和成熟的显现。

凡人的付出，是为了更好地得到；
圣者的得到，是为了更好地付出。

活在当下，与人为善。
生命若不是现在，那会是何时?
善举若不在身边，那会在哪里?

今天，就是今天。每当你回忆起这一天时，你都不后悔你当时的努力，人生不能走过了才后悔。

生活中任何改变生命的元素都可以称之为老师！生活让你改变，敢于面对生活，就意味着敢于亲近老师。生活是生命最好的老师!

相信是万能的开始！相信会给你无穷力量!
越信就越相信，越相信就会越信!

人生中每一段努力奋斗的时光，
都是对自己生命最大的不辜负。

能帮人时尽全力帮助他人，
能不求人时尽量不求别人。

自尊就是你能看得起你自己，尊严就是让别人能看得起你。

所谓成功的人，就是能够用别人向他投掷的砖块，来为自己建造一个稳固的根基！

君子固本，本立道生；得势者强，有德者昌。

人生五大难事：生死、是非、利害、成败、荣辱！

过度追求金钱，到头来你只是“乞丐”，最后你剩下的只有钱。

人生，看轻看淡多少，痛苦就离开你多少。

正念利他
彭清一于北京

财自道生，利缘义取；
以礼取财，以德取利。

做人做事：内诚于心，外信于人。
经营企业：对外诚信，对内求实。

战略决定成败，方向决定去向，
定位决定地位，系统决定规模，
想法决定活法，培训决定成效，
细节决定利润，选择决定结局，
模式决定未来，人才决定江山。

爱上一个人，你需要的是示爱；
娶了一个人，你需要的是示弱。

君子喻于义，小人喻于利；
君子和而不同，小人同而不和；
君子以同道为朋，小人以同利为朋。

作为人，何为正确？

直心不染不住，鲜活如来，纯粹自然。

作为人，何为不正确？

急功近利，荒芜心田。

在这个高度泡沫化的浮躁年代，

时刻谨记，没有根的庄稼不长苗。

办事不传教，其事难以持久；

传教不办事，其教难以广远。

成功之前明确我要什么，简单、专注；

成功之后清楚我不要什么，纯粹、无我！

与人无争则心安，与事无争则家安，与世无争则国安。

以舍为有，不争为争。

拜师：真正拜的是自己，而非别人，只是通过“借师”来“还魂”！拜佛：真正拜的是自己的虔诚与交给，而并非佛，因为人人皆为佛！

你的念头，决定了你的一切；

你的行为，决定了你的贵贱。

时间是最伟大的老师，他教会我们一切。

看清事，需要时间；看清人，需要时间。

善恶仅是一念间，而这一念却是十万八千里。

莫以善小而不为，莫以恶小而为之。

禁锢，只会加深其向往自由的渴望；

放纵，只会增加痛苦的长度。

人生终要有一场触及灵魂的旅行：入巨海，得智慧；
人生终要有一次心与神的对话：观自己，见万物；
只要心中有爱，慈悲心自然会生起；
有了慈悲心，智慧也会随之持续产生。
只有从爱和慈悲之中生起的智慧，才能为人类带来安全、稳定和强大无比的能量。

老天是公平的，它一边给你苦难，一边让你快乐，生活的苦与乐总在更迭，没有谁的命运是完美的，有时残缺也是一种美。

有钱的人把自己的房子装饰得漂亮，
有德的人把自己的身心修养得很好。
用财富装扮身躯，不如用道德美化心灵。

人是宇宙的精华、万物的灵长。

生命，那是自然 给人类去雕琢的宝石。

读圣贤书行仁义事，立修齐志存忠孝心。

得其利者，必负其重！

荣辱相依，福祸相成，进退相辅，有无相生，

长短相较，高低相倾，先后相随，道术相成。

世界万物，在一定条件下，都是相互依存、相互转化的。

只有淡然对待，静心思考，才能在各种处境中，坦然处之，

找对途径，选好方法，获得成功，享受快乐。

真善：就是你对待别人的方式，不会让他觉得自己渺小，

包括你自己。

别人怎么说怎么评价，我们没有办法决定，
但是如何做人如何做事我们自己可以掌握。

如果生命的一切都要等待他人安排，
那就只能度过一种不是自我生命的生命。

今生注定我们什么也带不走，那就我行我路，活在当下、笑在当下、悟在当下，万物静观，笑看人生，人生必须精彩。

人生的高度，一半始于个人努力，一半源自众多的选择。人生的败笔，也都存在于选择当中：一是不会选择，盲目攀高，心神分离，难修正果；二是不坚持选择，心易旁顾，朝秦暮楚，难成其大；三是不断地选择，胸无大志，似萍戏水，如草随风，难得善终。

寒雪梅中尽
春风柳上归

我们生命的品质完全取决于我们情绪的品质！

生命的双重力量就是意义与情绪。

意义塑造生命的力量，而情绪为之上色。

得到你不该得到的，总有一天会失去；

失去你不该失去的，总有一天会回来。

人生就是一场体验的盛宴，

体验就是一种生命的燃烧！

“有我”时，患得患失的人生，

“无我”时，看透放下的人生，

“忘我”时，心无挂碍的人生。

人生的精彩在于经历。经历使思想得以提高，生活得以提炼，生命得以坚强。经历越多，人生才能越美丽。经历了严寒才知道春天的温暖，经历了失去才懂得珍惜的可贵，经历了痛苦才明白幸福的难得。

生命的意义，自己不去探索，没人替你探索。

生命的谜团，自己不去廓清，没人替你廓清。

生命的刀锋，自己不去砥砺，没人替你砥砺。

生命的火花，自己不去撞击，没人替你撞击。

生命的火炬，自己不去高擎，没人替你高擎。

人生妙语：

1. 有知识不如有见识，有魄力不如有毅力，有智商不如有智慧，有情趣不如有情怀。
2. 最可悲的事情不是理想无法实现，而是轻易地丢弃理想。
3. 当我们懂得珍惜平凡的幸福时，就已经成了人生的赢家。
4. 命运不是靠机遇，而是靠选择；成功不是靠等待，而是靠争取。
5. 男人需要给女人独立，女人需要给男人自由，有独立有自由才能成为真正的男人女人。

三家对比

儒	道	释
入世	出世	出入皆意心
正气	清气	和氣
堂堂正正	真真切切	清清白白
拿得起	想得开	放得下
洒脱	超脱	解脱
智者乐水	上善若水	智慧如海
济世教化	玄理点化	慈悲度化

叩拜
不是弯下身体
而是放下傲慢

念佛
不是声音数目
而是清凉心地

合掌
不是并拢双手
而是恭敬万有

禅定
不是长坐不起
而是心外无物

欢喜
不是颜面和乐
而是心境舒展

清修
不是摒弃欲望
而是心地无私

布施
不是毫无保留
而是爱心分享

学佛
不是学习知识
而是践行无我

生命智慧的十大法門

生命的擁有
在於時時感恩
生命的能量
在於焦點利衆
生命的偉大
在於心中有夢
生命的强大
在於歷經苦難
生命的喜悦
在於傳道分享
生命的價值
在於普度衆生
生命的綻放
在於内在豐盛
生命的幸福
在於用心經營
生命的成長
在於日日精進
生命的蜕變
在於真正決定

摘自成傑智慧心語 戊戌桃月下澣於
晉陽汾水之濱舍滸居荊雪鵬書

生命智慧的十大法門

生命的拥有在於時時感恩

生命的能量在於集點利衆

生命的偉大在於心中有夢

生命的強大在於歷經苦難

生命的喜悅在於傳道分享

生命的價值在於普渡衆生

生命的綻放在於內在豐盛

生命的幸福在於用心經營

生命的成長在於日日精進

生命的蛻變在於真正決定

八零後演說少帥 成杰

成傑智慧心語

幸福

成功是人生追尋的旅途
幸福是生命最終的歸宿

戊戌 文宏偉 書

幸福篇

成功是人生追寻的旅途，
幸福是生命最终的归宿。

打开一扇心窗，拥有一份温而不沸的情怀，拥有一颗淡然的心，懂得接受生命中的遗憾，学会珍惜生命中的感动，让心溢满宁静与阳光，一种幸福的感觉，即使不完美，也是最美！

不平安，不足为富贵！

爱出者爱返，福往者福来。

把爱传出去，生命更精彩。

不争就能欢喜，不夺就能富足。

谦卑得人缘，感恩得人助。

幸福最重要的是：有所作为。

幸福来源于拥有，却不止于拥有。

成功是人生追寻的旅途，幸福是生命最终的归宿。

生命需要不断地感动，生命需要不断地庆祝。

快乐是我们每天送给自己最好的礼物。

慈善是一种生活方式，是一种事业的表达。

一切的限制，都是从限制内心开始。

人生放下、放开、放飞是迈向卓越的开始。

含泪播种的人，一定能含笑收获。

用欣赏的眼光看待宇宙万物的一切。

夏

读书乐趣无限
美景良花心
甲辰
书趣书
甲辰书

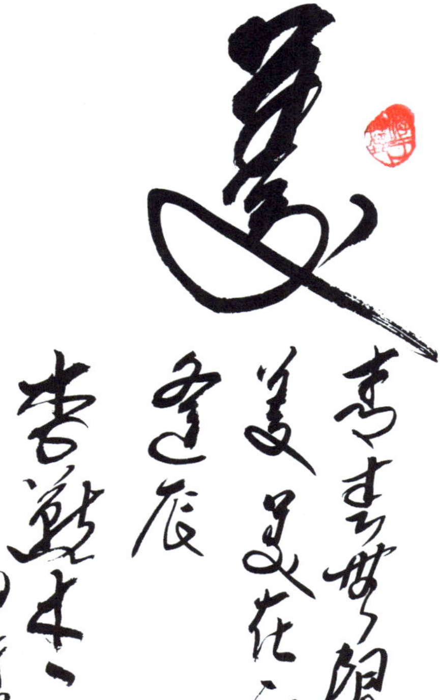

孝

百善孝
为先

甲午秋

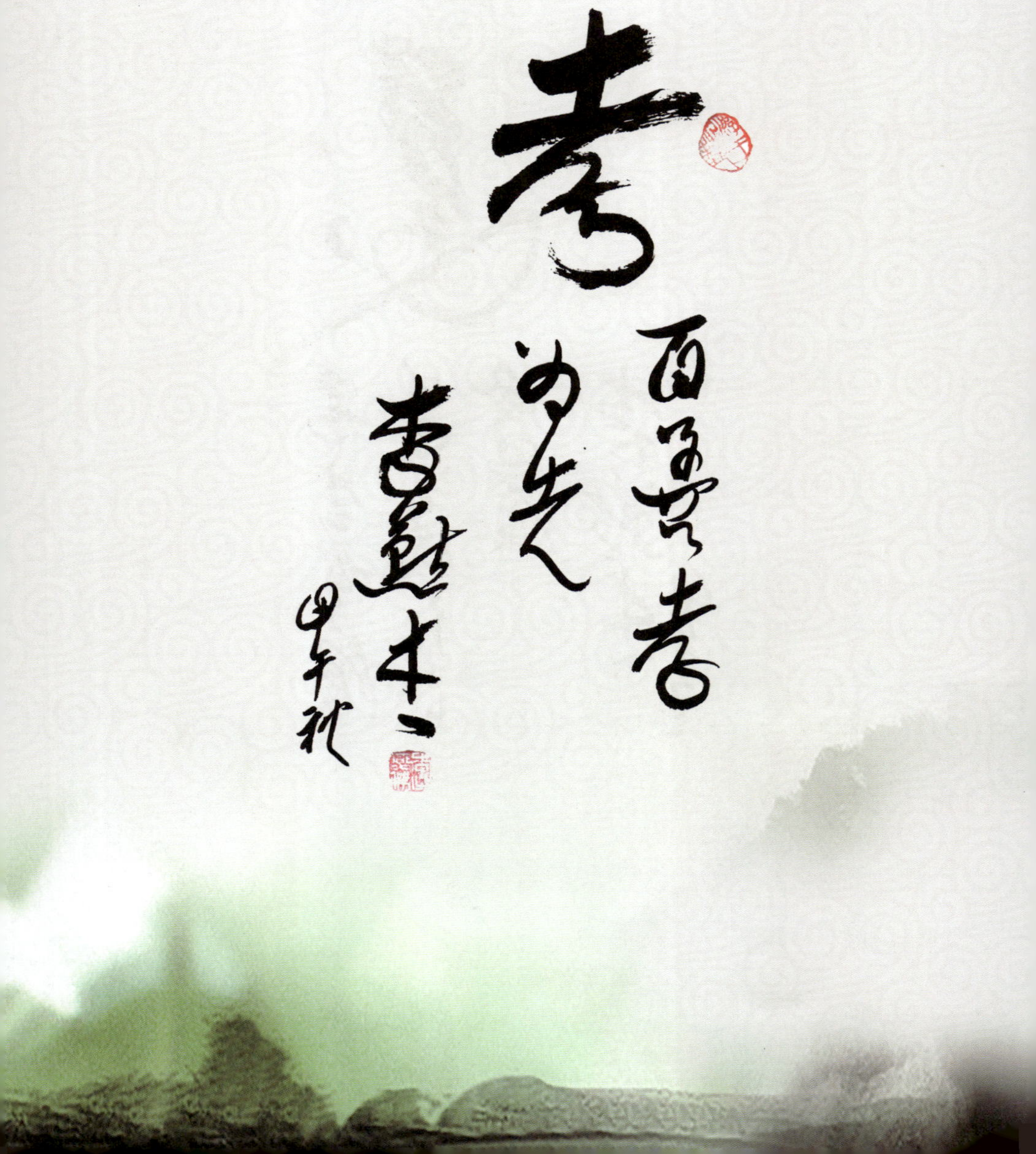

成功来源于支持，

而支持来源于信任、认同、付出、欣赏、包容。

欲望大于能力，会痛苦；

能力大于欲望，会自在。

应有尽有的幸福，并非真正的幸福；

应无尽无的幸福，才是真正的幸福。

活在当下，与人为善。

此时此刻与你在一起的人，就是你生命中最重要的人。

生命的拥有在于时时感恩：珍惜才会拥有，感恩才会天长地久。

谦卑得人缘，感恩得人助。感恩之心离成功和财富最近。

什么是有福之人？

耳朵里听不见是非，眼睛里看不到争斗，嘴里说不出伤人的话。

因为看轻，所以快乐；因为看淡，所以幸福。

爱是生命的本质，能够治愈万恶的疾病，能够把缺失瞬间融化。世界上没有任何毒性的药是“爱”。

富而不知足，是亦为贫苦；虽贫而知足，则是第一富。

爱是接纳，爱是包容。爱里没有包容，爱就不完全了。

爱是生命的灵魂；爱是勇者的游戏。

学会和身边的人相处，学会爱身边的人，是一种修行。生活中，我们接触到的每一个人都像是一面镜子，都能反映出我们自身的缺点，帮助我们更好地认识自己，改善自己。每个生命都是奇迹，每种经历都是缘，不要忽视生命中出现的每一个人。

爱没有增加，一切都是枉然；

爱一旦增加，一切即将改变。

巨海成杰希望小学视频

生命有限，爱心无限。无限的爱可以把有限的生命延长。

爱无所求，被爱无所累，便是真正的自在和幸福。

人生三大幸事：

年轻的时候，遇到好老师；

中年的时候，遇到好搭档；

年老的时候，遇到好学生。

爱是能量的源泉。爱拥有生命无限的能量。

有爱就有一切，生命中所有一切的消失，源于爱的消失！

最好的感恩就是“不辜负”。

爱老师最好的方式，就是把老师的智慧传承下去。

人生幸福的秘诀：自己是个好人，遇到一个好人。

不缺为富，不要为贵。

能付出，本身已经很富有。

幸福就是：不比较，不计较。

人生拥有并不等于享有，
人生享有并非要去拥有。

知恩感恩，同心同行。感恩，一个我们耳熟能详的词语；感恩，不能停留在我们讲了多少遍，而在于我们真正做了多少。感恩的心，升华我们的灵魂；感恩的行动，丰盛我们的生命。

幸福就是平常心

以平常心对待生活，
生活无处不是坦途；

以平常心看待人生，
人生无处不是胜境；

以平常心面对生命，
生命无处不是自在。

在追寻幸福的路上，
唯有无常，才是常！

我们善待每一次遇见，
懂得珍惜每一份情缘！

以一颗幸福的平常之心，
恬淡地活在每一个当下！

成杰写于尼泊尔·不丹巨海弟子班游学
2018年4月8日

身心自在

巨海弟子班尼泊尔·不丹《幸福之旅》

壽
夕陽無限
好妙在近
黃昏
辛卯冬

母 亲

母亲是一位纯朴而善良的农民，辛辛苦苦60年。

母亲没读过多少书，却有着人生不一样的经历与体验；

母亲没出过什么远门，却希望儿子能远走他乡，志在四方；

母亲没有高大的身躯，却有着无比伟大的母爱与慈悲善良；

母亲，一生经历了无数的风风雨雨，坎坎坷坷，艰难困苦，
却从未放弃过对生活的希望、对生命的热爱、对子女的教导。

母亲的爱如海，
海一样的胸怀，包容着我们的一切是与不是；

母亲的爱如山，
山一样的无言，一直默默地理解与支持着我们；

母亲的爱如天，
天一样的高远，任由我们展翅飞翔，飞向远方；

母亲的爱是家，
家是我们永远的根，
无论走到哪里，永远不能忘记的就是我们的根。

成杰写于母亲60岁生日之际
2016年9月16日 四川 · 西昌

教育

成傑智慧心語

教育的核心價值在於激發一個人的想象力和創造力

教育的終極目的在於塑造一個人的使命感和價值觀

戊戌文宏偉書

勇闯上海滩

成杰十年打拼　缔造人生传奇

有梦的人生最美

有梦的人生最美。

因为梦想，我的人生开始变得有价值有意义。

在追逐梦想的道路中，我的人生越来越精彩，

在实现梦想的过程中，我的生命越来越丰盛。

在这个世界上唯一可以不劳而获的就是贫穷，

在这个世界上唯一可以无中生有的就是梦想。

生命的成长在于日日精进，

精进是通往梦想的快车道。

一个不能日日精进的人，就在背叛自己的梦想；

一个不断自我超越的人，就在呵护自己的梦想。

放弃是平庸者的代名词，

坚持是伟大者的催化剂。

十年磨一剑。

时间是最伟大的老师，它可以教会我们一切。

在奋斗的岁月里，时间会让我们日渐成长和成熟。

时间就是“功夫”二字，当我们下“功夫”的时候，

一切即将变得越来越好。

我们往往会高估自己一年可以做到的事情，

却往往会低估了我们十年可以完成的梦想。

伟大的人把坚持变成人生的习惯，

最终成为一种常态；

平庸的人把放弃变成人生的惯性，

最终成为一种悲剧。

十年缔造
TEN YEARS DREAM
LEGENDARY LIFE
人生传奇
时代的英雄·智慧的导师
十年梦想·影响世界

走出大山的不是双脚
而是梦想和坚持
成杰成长历程

我们为什么要坚持？

切记：

人生不要为了坚持而坚持，

我们要学会在坚持中成长，

在坚持中精进，在坚持中突破，

才能通过坚持让梦想照进现实，

千万不要把坚持变成一种等待。

人生就是一场战斗，

每一天我们都在奋斗。

当我们选择了奔跑，

就不能轻易停下脚步，

因为奋斗是通向成功的唯一路径。

奋斗的过程会有汗水、泪水、血水，

甚至有别人的口水。

只有奋斗，我们才能向前行走，而不是原地踏步。
只有奋斗，我们才能燃烧青春的岁月，而不是虚度年华。

平台成就人生。

君子把平台当舞台，让人生尽显光芒；
小人把平台当本事，让人生失去光亮。

成功的人生在于把握平台，实现人生价值；
伟大的人生在于创造平台，成就天下苍生。

人生的成功需要我们自身的诸多要素，
如努力、精进、勤奋、认真、用心、担当、
付出、奉献 ……
但有一个外部要素是最核心的命脉：平台。
可以说每一个成功者的成功都是平台的成功。

人生就是一场**战斗**

爱是勇者的游戏，

懦弱的人玩不起。

爱的力量是惊人而无限的，

当我们足够爱的时候，

一切的困难、障碍、问题都会迎刃而解。

当我们不再爱的时候，

一切的一切都将停滞不前，即将结束。

爱没有增加，一切都是枉然；

爱一旦增加，一切即将改变。

爱的力量是惊人而无限的

热爱是人生最好的修行

创业是人生最好的修行。

人生是一趟旅行，
尽情地体验生命的每一个当下；
创业是一种修行，
用心地观照生命的每一个瞬间。

10年前，我选择了创业，创办巨海。
10年来，因为创业，我的心智变得越来越成熟，
我的心量变得越来越广大，
我的心性变得越来越高远，
我的人格也越来越趋近于完善。

感谢创业，让我的生命变得更精彩；
感恩巨海，让我的生命变得更丰盛。

不害怕失败，不设限成功。

人生只有足够勇敢，
你才能变得足够强大。

人生所有的限制都是思想的限制，
唯有打破限制人生才会无限上升。

人生不设限，才会精彩无限。

人生不设限 才会精彩无限
成杰智慧

热爱是最好的导师

热爱是最好的导师。

学习获得知识，练习拥有本领，
体验进入核心，分享传承智慧。

一个人如何更好地自我成长，自我成就？

十年来，我发现最好的通道就是热爱，
热爱生命，热爱你所从事的工作和事业，
热爱你的产品，
热爱你所在的国家、城市、公司和团队，
热爱你所遇到的每一个人。

热爱让生命更美好。

相由心生，命由己造。
学习是最好的心灵美容。
学习是人生身心灵的度假。

当我们不断地学习、成长、精进和蜕变来“艳遇”更好的自己，这就是生命的绽放、智慧的显现、能量的引爆。

生命就是一个能量体。
我是一切能量的来源。
能量是我们与生俱来的“宝藏”，
只要我们不断地挖掘“宝藏”，就会有源源不断的惊喜。

活出生命的精彩，
因为，我比我想象的更有力量！

活出生命的精彩

因为 我比我想象的更有力量

演说创造奇迹

《商界时尚》2017年7月封面人物故事

每一位伟大的领导者，都是一流的演说家。

1941年6月22日，丘吉尔在二战关键时期的演讲中高呼“永不屈服！”，成为英国人民团结一心抗击法西斯、赢得二战胜利的催化剂。

1963年8月28日，在华盛顿林肯纪念堂，马丁·路德·金以“我有一个梦想”为题，提出改变种族歧视，实现美国自由之邦。

“活着就是为了改变世界！”2005年6月12日，乔布斯在斯坦福大学毕业典礼上的演讲，让苹果起死回生，在全球获取无数拥趸。

一语定乾坤！

一语中的，照见你非凡的生命；

一语道破，引领你精彩的旅程。

巨海集团董事长成杰，从日薪五元到亿万身家，他用演说，创造了一个又一个奇迹。

他相信，一个真正的领导者，不仅仅是统率千军万马，更是要从内心深处不断帮助、影响和成就更多的生命，才能实现更伟大的梦想和创造更伟大的成就。

他行走在125个城市，巡回演讲4000多场，听众超过百万人次。他主讲的“一语定乾坤”研讨会已经成功举办了266期，帮助15万企业家提升魅力公众演说能力，倍增领导能量。

他立志用毕生的时间和精力捐建101所希望小学，目前已经成功捐建10所。

他独创的“生命智慧的十大法门”影响了众多企业家的命运，立志影响和成就更多的生命和生活。

既然选择了远方，便只顾风雨兼程

面前的成杰，举止得体而从容，暗纹衬衣配深色西裤，较之同龄人更加低调成熟。他低首敛目时颇有风清云淡的禅意，但一开口说话立刻散发出演说家的魅力，抑扬顿挫、有条不紊，具有极强的场控感与力量感。

没有人天生就是演讲家。

像很多男孩子一样，童年的成杰也曾有过正义凛然、白衣胜雪的武侠梦；从小浸润书香，热爱读书、写字，作品发表在包括省级刊物的多家媒体；尽管出生在四川大凉山的贫寒农家，但他很小就努力调动起自己的商业头脑，主动承担家庭责任：卖冰棍、卖蘑菇、自制洗衣粉、开荒种果树……

少年时特别喜欢汪国真，他曾经一遍遍地读一首叫《热爱生命》的诗：我不去想是否能够成功 / 既然选择了远方 / 便只顾风雨兼程……

为了面容模糊的“远方”，十九岁的他怀揣560元现金，踏上了去往四川绵阳的火车。临走时他自信地对父亲说：“我不会一辈子当农民！”几番坎坷，他进入长虹集团，成为一名普通工人。

因为一直热爱阅读，打工之余，成杰开始摆摊卖书。这样既可以免费看书，又可以增加收入，最重要的是提升了自己与世界接轨的能力。

风里雨里，书摊一摆就是两年。省吃俭用攒下一笔钱，加上家人的资助，成杰在绵阳拥有了一家43平方米的书店。

成杰果断离开了长虹。过往留不住，每一天，他都想要做更好的自己。

他要赚钱，但赚钱不是第一位。对任何事物，他设定两个标准：第一，有没有成长价值是首要目的；第二，用十年的战略眼光来看当下。

很多人认为，演讲需要天赋，一个天生不善言辞的人成不了演说家。但成杰会用亲身经历告诉你，并非如此。

从一个农家青涩少年、普通流水线工人、卖书小贩再到书店老板，成杰逐渐意识到“演讲”的魅力。他通过自我领悟与学习，一步步为未来垫上基石。

2003年7月18日这一天，有一道炫目的阳光，唤醒了尚在混沌中的成杰。

他记住这个偶然的日子，并把它镌刻在生命里。

在好友的推荐下，成杰聆听了一场专业的演讲。当演讲者在台上声情并茂、侃侃而谈，而台下听众或热泪盈眶、或热血奔涌时，他仿佛看到很多年以后，那个同样在聚光灯下，意气风发、魅力四射、光芒万丈的自己。

那一刻，蛰伏在灵魂深处的梦想破茧而出：我要成为超级演说家！

对于好不容易筹到书店本钱、生意正有起色的成杰及家人而言，这几乎是一个疯狂的决定。

书店说关就关，哪怕存书、租金以及店面押金都打了水漂。为了进入一家教育培训公司，他甚至承诺没有业绩时不要一分钱的工资。

但教育培训行业的竞争十分激烈，出局的公司屡见不鲜。不久之后，成杰所在的公司也黯然关门。成杰并未知难而退，他主动出击，联系绵阳各大学校，表示愿意免费演讲。

从大学校园到企业，整整640场免费演讲，在一般人看来简直难以想象，但成杰做到了。没有收入，但因此获得更多的演讲机会，演讲水平有了跨越性的提升，并从此让人们刮目相看。

和许多同行比起来，刚入行的成杰学历最低，又瘦又黑，连普通话都说不好，甚至还带着浓浓的乡音。但正是这些先天不足，给了他改变的空间与力量。

有一部著名的电影叫《国王的演讲》，电影的原型是英国乔治六世如何从一个说话都口吃的王室成员，在专业辅导下，一步步练习成为可以获得人民信赖的国王。

成杰相信，每个人都有演讲天赋，除了后天的努力，还需要不断学习正确的方法和心法。

此后，他对自己苛刻的要求和卓越的表现渐渐受到行业关注。

他谈起一部电影《一代宗师》，王家卫为了拍好电影，用五年的时间研究民国武术，没有深入透彻的实践，就没有如此优秀的作品。成为一代宗师，曾是成杰遥不可及的梦想，但如今，他已经成为演讲界的大师级人物。

巴尔扎克说，苦难是人生的导师；成杰说，生命的强大在于历经苦难。

最值得传承的财富叫作“爱”

父亲是成杰生命中最重要的人。

回忆已故的父亲，成杰目光炯炯，动情时眼角偶尔湿润，但脸上仍是暖暖的笑意。

心地善良，学会付出，大爱无边。这应该是成杰的父亲从小便给予他的精神财富。父亲总是无条件地支持成杰的每一个决定。在他最困难的时候，父亲也从没有打击过他的梦想，只是淡淡地说，做得好，我们也开心，哪天不顺了，回家来，家门永远为你敞开。

父亲没有给成杰富足的家庭环境，却给予他最初的安全感，最有力的信任与支持，也给予成杰日后追逐大爱与大梦想时最坚实的灵魂基础。

2005年8月，在四川绵阳免费演讲了640场演讲后，成杰转战南京。

2006年11月15日，他踏上了勇闯上海滩的征程。上海，这个遥远且充满神秘而梦幻的城市，从小便是他心里神往的地方：十里洋场，车水马龙。这里是英雄的诞生地，是奇迹的梦工场。而如今，他终于站在了上海滩黄浦江边的璀璨夜色中！望着梦幻般的外滩夜色，以及熠熠生辉的东方明珠，成杰在心里暗暗发誓，一定要在这个卧虎藏龙的地方闯出一片天地，立足上海滩，走向全世界！

刚到上海时，住在离外滩不远的一间小屋里，成杰每天早上跑步去外滩，不顾行人侧目或围观，进行“101天黄浦江演讲”训练。面对滚滚江水，坎坷旧事历历在目，但未来已经清晰可见。

很快，成杰被业内誉为“亚洲顶级实战名师”。2007年，二十五岁的成杰已经年薪百万。

成杰一直提醒自己，告诫弟子：领导力的巅峰就是自律。

他很擅长用知行合一的故事来举例，而不是单纯的说教。

比如他讲到王石，带一群人穿越沙漠，路上要求大家吃下一种植物，据说能保持良好的体力，但是大多数人拒绝了，因为味道难以下咽。那一路，有的人刚开始就迫不及待地加快速度，希望尽快到达，而王石一直拥有良好的体能，不疾不徐、节奏有序。最后，王石在稳定的身体状态和速度下完成，许多比他年轻力壮的人却只能望其项背。

不过成为最优秀的讲师之后，成杰也过了一段无比惬意的日子，每天睡到自然醒，时刻被鲜花和掌声围绕。但他也一直在问自己，我要成为一个什么样的人？

2008年，发生了震惊全国的“5·12”汶川特大地震。为了筹集善款，新疆慈善总会主办了“跨越天山的爱·川疆连心大型义讲”。主办方没有想到，由于需要自理机票和食宿，最终只有两位老师到场。一位是成杰，另一位就是他在此次演讲中认识到、日后也对他的演讲生涯和人生产生了重要意义的恩师，年近八旬的共和国演讲家彭清一教授。

这次义讲为灾区募集到善款近百万元。当夜，成杰彻夜难眠。生命的意义和价值到底是什么？他想了很久，终于找到了答案，也就是“生命智慧的十大法门”中的第六大法门：生命的价值在于普度众生。

这一次义讲为灾民心理重建带来的正向价值，重新唤醒了成杰儿时的一个梦想：将来等我成功了，有钱了，要在贫困的家乡建一所希望小学。

而这一夜成杰再一次准确梳理和升级了这个曾经遥不可及的梦想：用毕生的时间和精力捐建101所希望小学。

要实现这个梦想，必须创造足够的财富，拥有自己的企业。2008年10月，以成杰为核心的团队在上海创办了上海巨海企业管理顾问有限公司。

在公司历经了创业艰难、渐渐走向顺途之后，成杰成立了上海巨海成杰公益基金会。

他知道，作为一个有良知和社会责任感的企业，需要弘扬的不仅仅是商业价值，还有人间道义。

起初，在公益事业上，成杰是极其低调的。老家有人在电视上看到他捐建希望小学的新闻报道，打电话过来问，成杰淡淡地说，你看错了吧？

但一次偶然的机会，成杰和好朋友上海统帅装饰集团的董事长杨海先生说起希望小学的事，杨海毫不犹豫地为自己的家乡捐建了一所希望小学。2016年12月18日在上海巨海成杰公益基金会成立一周年的慈善晚宴上，杨海为基金会捐款110万人民币，支持成杰的梦想，一起把爱传出去。

成杰开始相信，除了帮助企业家创造商业奇迹，也需要通过持续的影响，让更多的人了解人文精神的传承比家族传承更有深厚意义。

2011年，父亲病逝，但成杰早已把“孝”字刻进巨海的企业文化。创业路上是父亲给予自己最无私的支持。换位思考，那些在巨海寻梦的员工父母，何尝没有经历过对孩子的牵挂与担忧。

荣获“巨海孝道之星”的员工在巨海集团周年庆典上时公司会把老家的父母接到上海度假，父母都为子女的工作感到骄傲，员工也有了强烈的成就感与归属感。

即使已经亿万身家，但成杰老家还是保留了父亲生前亲自修建的那座土坯房。虽然内外简单装饰过，依然和现代农村那些小洋房有些格格不入。但一砖一瓦，早已嵌入了一个饱经风霜的老人伟大的父爱。

每次回家，阳光炽热而浓烈，站在屋檐下，风从成杰耳边温柔掠过，仿佛听见父亲对他说：儿子，你是我们的骄傲。

人不能仅仅为自己活着

大漠有一种植物，叫胡杨。在极恶劣的环境下，仍然奋力把根扎向土壤深处，抵抗大漠的苦寒与风沙。

生而三千年不死，死而三千年不倒，倒而三千年不朽。

它热爱并忠诚于脚下这方土地，即使生命枯涸，也要发挥所有的能量。

成杰就像一棵胡杨树，殚精竭虑探寻和分享生命智慧，并不遗余力开枝散叶，回报社会。

行走于世间，他有着率性的行事哲学，不计个人得失，不在乎他人评价，活出了一个真实的自己；但在人间大义上，他提出人类应该坚守正义的利他主义：生命的能量在于焦点利众。

如今成杰的弟子遍布国内外。他说，师徒关系是中国文化传承中的一种主要关系，即使在家庭教育层面，父亲也是儿女最早的老师。但对于成年人而言，打碎并重建价值观，其实是一个相当痛苦的过程。

所以，得到弟子们的认同、尊重以及敬畏，除了渊博的知识及丰富的阅历，还有重要一点便是老师的人格魅力。

和成杰聊天很愉快。他很少讲“我”怎么样，更多的是“我们”怎么样。

三十岁前，便常常有人向他提出拜师，但他都婉拒了。其中有一个就是被称为“当代李小龙”的陈天星。

与弟子的师徒关系，不仅仅是传道授业解惑，成杰还无私地奉献和分享了自己的商业资源，促成弟子的商业运营与发展。后来，陈天星如愿拜成杰为师。

陈天星跟成杰老师学习公众演说后打开了生命智慧的开关，放大了人生事业的格局，通过公众演说将电影《双截棍》的票房推向巅峰。2011年，他导演、主演的电影《双截棍》荣获第五届德国科隆国际电影节最高奖项“组委会大奖”。2013年8月导演、主演的电影《功夫战斗机》斩获美国好莱坞国际电影节“最佳动作设计奖”和韩国光州国际电影节“动作艺术成就奖”。

2013年11月11日，《功夫战斗机》在成都举办了3500人的全球首映式。在演讲中，成杰作为主创团队一员及陈天星的师父登台发表公众演说，讲诉了功夫精神、陈天星的电影梦，将双截棍拍卖到58万元，创造了历史新高。

许多弟子要行拜师大礼，年轻的成杰说受不起，但为了尊重彼此之间的师徒关系，他没有因循守旧，只是借用这份沉甸甸的仪式感创造了一个精品课程“弟子班秘训”，让弟子们得愿以偿，也让中国的师徒文化增添了一份鲜活的时代感。

事实上，成杰也拥有过寻常人对物质的愿望。他曾经给自己定下目标，三十岁时送自己一辆劳斯莱斯。不过，当他已经赚够了不止十辆劳斯莱斯的时候，他发现，金钱只是实现梦想的工具，绝不能成为包裹虚荣的面具。

他把自己的“劳斯莱斯”梦，变成核心团队的光荣梦想：宝马、奥迪、奔驰、路虎……他让人们相信，巨海是一个懂得感恩的企业，员工所付出的心力，从来没有被忽略。

巨海价值观就是六个词：良知、正直、阳光、精进、忠诚、感恩。

成杰的经营哲学也可以用一句话总结：利众者伟业必成，一致性内外兼修。

一致性，就是言必行、行必果。101所希望小学，按照计划，到今年年底，巨海集团捐建的希望小学便可以达到10所以上。

2018年，巨海集团十周年了。近日共和国演讲教育艺术家李燕杰教授曾送给成杰一幅书法，写了两个大字——归零。这两个字让他深受启发，十是圆满，也是归零的开始。

成杰说，他正在计划让更多的巨海同仁和更多优秀的巨海合伙人成为巨海的股东。巨海十年，需要担负起更多的社会责任。

同时，让中国的演讲走向世界，也是成杰作为一个中国人的使命。目前，巨海的学员中已有海外华人企业家，或是在中国宝岛台湾的企业家。下一步，巨海集团会通过在线教育，让优秀的产品和课程传到世界的每一个角落，让更多龙的传人能够接受到这种思想和智慧。

当然，即使分身乏术，成杰仍然会保证足够的时间来进行他从少年时就热爱的写作。

每当伏首于书桌前奋笔疾书的时候，他会感受到一种回归初心的幸福与圆满。

作为中国培训界作品最多、销量最高、影响力最大的畅销书作家，成杰以《大智慧：生命智慧的十大法门》《一语定乾坤》《日精进》《从日薪五元到亿万身家》等力作，影响了众多读者的命运。

演讲，是激昂的力量，而文字，是静默的力量。

致敬每一个伟大的梦想

从成杰第一次听演讲到成为今天中国十佳培训师、中国文化管理协会培训委员会副会长，时间悄无声息地滑过了十四年。他也从一个瘦削、黝黑、个性腼腆的青年，成长为一个洒脱从容，无论是肢体语言还是说话都铿锵有力的盛年男子。

事业发达并且不可限量，和相爱的人结了婚，有可爱的孩子。除了自信果敢，个性也变得更加宽广圆融。一切都那么美好。这些对于他而言，比事业的成就更值得珍惜。

他偶尔回顾往事，感谢那些被汗水和泪水浸泡过的旅程，感恩那些在路上给予他信任、帮助和支持的人。

成杰偶尔也会用奢侈品，但更多地是随心随性。他坚信，有些东西是永远不会被物化的，比如智慧与梦想、精神和灵性。而真正的品质生活和丰盈灵魂，仅有物质也不足以支撑。

随之，我们聊到禅。在我看来有些空洞的概念，他轻描淡写就能说出真谛。他说：禅就是生活和生命的智慧。

他是一个把生活看明白了的人。而这些，也归功于他对生命智慧的彻悟。

与家人相处，再忙也要抽出时间吃饭、聊天，“顾此有彼”，保持平衡之道。成杰颇有些自得：一有时间，我就会亲自下厨，我做的鱼很好吃哦！

关于孩子的教育，成杰觉得不要太过刻意，但必须要求他做一个正直善良的人。

偶尔，他也会问及儿子的梦想。儿子说，长大后想卖冰淇淋，380元一个，成杰就带他去买冰淇淋，让他去了解买卖关系；儿子说想当消防员，成杰会跟他讲消防员对于国家以及人民安全的重要性；儿子听过爸爸的课，说想当演说家，成杰给他买来话筒，让他自由发挥。

尊重孩子，让那些稚嫩却闪闪发光的梦想陪伴孩子成长，最终成为孩子心中颠扑不灭的理想，伴随并照耀一生。

生命的伟大，在于心中有梦。

成杰十年演说家职业生涯，实现了自我价值，奠定了商业基础，影响了众多优秀企业家，更改变了太多曾经害怕改变的人。

但十年归零，明天又是新的开始。

未来十年，他会带领巨海不断筑造更伟大的梦想。

在商业部分，2020年巨海会对接资本市场成为上市企业，也在规划帮助大学生创业与就业的辅导和孵化、打造巨海创业孵化基地等。

在教育和公益部分，除了继续完成101所希望小学之外，创建巨海智慧书院、巨海管理商学院、未来领袖商学院，开创巨海在线教育板块，也会和大学联动，创办中国第一所演讲与口才学院。

就像当年他坚信自己会成为一个优秀的演说家，此刻他也笃定地相信未来的巨海一定会培训出十万弟子，桃李满天下。

但成杰此刻还期待着正在规划筹备中的大智慧公园。集生命智慧的十大法门于此，为人们提供灵魂栖息之地。在他的描述里，我看到一丛修竹，一方净室，一杯清茶以及一个于空灵中静坐的人。

他体验过在聚光灯下万众瞩目的荣耀感，也到达过财富与名气的巅峰，现在的他，更想带着企业家代们去看看那些希望小学的孩子们，让更多的企业家懂得体恤他人，让那些在贫困地区出生的孩子被更多的人温柔相待。

当然，他仍然会讲课，在新砌起来的希望小学教室里，或者阳光明媚的草坪上，给求知若渴的孩子们讲课。

阳光下，一张张仰起来的小脸，正对外面的世界充满了好奇和喜悦；对生活充满了各种期待与梦想；对身边所有人，充满了信赖与感激。

将爱与梦想，一代一代传承下去。

这是一个多么纯粹的梦想。

而不断筑梦的成杰，才是最伟大的梦想家。

巨海集团

简介 INTRODUCTION

上海巨海企业管理顾问有限公司是由成杰老师创办于2008年10月，从最初的5个人的创业团队发展到今天1000多人的精英团队；从上海一家公司发展成为120多家分(子)及联营公司。

巨海公司是一家集巨海商学院、巨海管理干部商学院、未来领袖商学院、巨海智慧書院、企业实战管理、领袖魅力演说、企业内训、顾问式咨询诊断、演说家论道、领袖论坛为一体的专业咨询机构。巨海公司以“帮助企业成长，成就同仁梦想，为中国成为世界第一经济强国而努力奋斗”的使命为己任，立志打造：“中国最具正能量的教育培训机构。”

巨海公司2010年度荣获：“中国十佳培训机构”和“中国实战管理培训最具影响力品牌”荣誉称号；2011年度荣获：“中国管理咨询行业最具竞争力品牌”和“中国管理咨询行业最具竞争力十大品牌”荣誉称号；2015年度获评“中国文化管理协会培训委员会副会长单位”。

巨海公司聚焦企业发展、研究、整合各行业新、精、尖的企业经营管理资讯，整合优秀人才和市场优质资源。采用新的商业模式，帮助企业全方位成长，协助企业进行更有效的管理，提高全员职业化素养，打造职业化团队，从而提升企业核心竞争力。

巨龙腾飞，海纳百川。巨海，是个聚焦天下英才的舞台；巨海，是一个创造奇迹的事业平台；巨海，是一个拥有伟大使命感与崇高愿景的快速成长型企业。我们始终致力于：为同仁搭建最具成长性的事业平台，为客户提供最具实战、实用、实效的管理培训。

打造中国最具正能量的教育培训机构

企业文化

CULTURE

【巨海使命】帮助企业成长，成就同仁梦想，为中国成为世界第一经济强国而努力奋斗！

【巨海愿景】打造中国最具正能量的教育培训机构！

【巨海价值观】诚信、正直、务实、精进、忠诚、感恩。

【公司宗旨】为企业提供实战、实效、实用的管理培训！

【巨海精神】

巨龙腾飞，海纳百川；
思想品行，光明磊落；
组织纪律，令行禁止；
工作态度，严谨求实；
业务技术，精益求精；
同事相处，友爱尊重；
为人处事，诚实廉洁；
团结进取，艰苦奋斗；
改革创新，追求卓越。

【巨海核心理念】

服务理念：为客户创造价值是我们永远的追求

营销理念：一切成交都是为了爱

工作理念：工作学习化，学习工作化

品牌理念：品牌就是竞争力

竞争理念：唯有创造竞争才能解决竞争

创业理念：大困难带来大成就

发展理念：永无止境地追求卓越

商业真经

《商业真经》是一套颠覆传统思维的商业系统，是一场汇聚万千行业翘楚的商业盛宴，更是一部引领时代潮流的商业圣经。始于商业，又不止于商业。它解密商业之道，参悟人世哲学。从学习篇、能量篇、经营篇、演说篇、商业篇和智慧篇六个维度全面解决企业家的商业经营痛点，提升企业家的领袖魅力、公众演说能力、团队建设能力、企业文化软实力……助力企业发展腾飞！

主讲老师
成 杰

巨海集团董事长
中国培训委员会副会长
上海巨海成杰公益基金会创始人
全国青年川商联席会执行会长

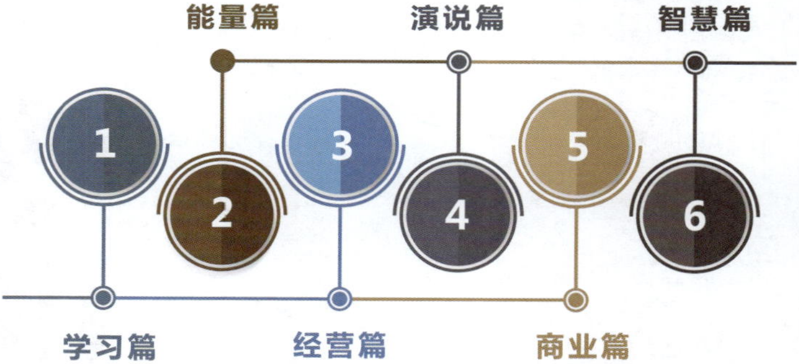

《商业真经》至今已开设300余期，直接帮助企业家15万多人次，间接影响上千万人。成为当代中国企业家必修课。无数企业家在此学习、成长、精进、绽放、蜕变、遇见更好的自己，观商海风云，取智慧真经！缔造人生传奇，创造商业神话。

商业真经

商业真经
商业真经
商业真经

图书在版编目（CIP）数据

日精进 / 成杰著. —成都：四川人民出版社，2018.9（2019.10重印）
ISBN 978-7-220-10969-0

Ⅰ.①日… Ⅱ.①成… Ⅲ.①成功心理-通俗读物
Ⅳ.①B848.4-49

中国版本图书馆 CIP 数据核字（2018）第 231959 号

RI JING JIN
日精进
成 杰 著

责任编辑	章 涛 邹 近
助理编辑	王卓熙
装帧设计	徐玉珠
责任印制	李 剑
出版发行	四川人民出版社（成都槐树街 2 号）
网 址	http://www.scpph.com
E-mail	scrmcbs@sina.com
新浪微博	@四川人民出版社
微信公众号	四川人民出版社
发行部业务电话	（028）86259624 86259453
防盗版举报电话	（028）86259624
印 刷	安徽印网通印刷有限公司
成品尺寸	140mm×210mm
印 张	7
字 数	150 千
版 次	2018 年 9 月第 1 版
印 次	2019 年10月第 3 次印刷
书 号	ISBN 978-7-220-10969-0-01
定 价	98.00 元